Samira ZAMICHE

Parasitologia médica

Samira ZAMICHE

Parasitologia médica

ScienciaScripts

Imprint
Any brand names and product names mentioned in this book are subject to trademark, brand or patent protection and are trademarks or registered trademarks of their respective holders. The use of brand names, product names, common names, trade names, product descriptions etc. even without a particular marking in this work is in no way to be construed to mean that such names may be regarded as unrestricted in respect of trademark and brand protection legislation and could thus be used by anyone.

Cover image: www.ingimage.com

This book is a translation from the original published under ISBN 978-620-6-72613-5.

Publisher:
Sciencia Scripts
is a trademark of
Dodo Books Indian Ocean Ltd. and OmniScriptum S.R.L publishing group

120 High Road, East Finchley, London, N2 9ED, United Kingdom
Str. Armeneasca 28/1, office 1, Chisinau MD-2012, Republic of Moldova, Europe
Managing Directors: Ieva Konstantinova, Victoria Ursu
info@omniscriptum.com

Printed at: see last page
ISBN: 978-620-8-62460-6

PREÂMBULO

A parasitologia médica é uma disciplina essencial para a compreensão das doenças infecciosas causadas por parasitas. Estas doenças, que afectam milhões de pessoas em todo o mundo, representam um grande desafio para a saúde pública, especialmente nos países em desenvolvimento. Com o aumento das viagens internacionais e as alterações climáticas, estas infecções parasitárias afectam agora uma população mais vasta, sublinhando a importância da prevenção e do combate a estas doenças.

O objetivo deste livro, Parasitologia Médica, é fornecer uma visão abrangente e rigorosa dos principais parasitas que afectam os seres humanos e das doenças que causam. Destinado a estudantes, profissionais de saúde, investigadores e a todos os que se interessam pela biologia médica, este livro apresenta não só os aspectos biológicos e epidemiológicos dos parasitas, mas também estratégias de diagnóstico, tratamento e prevenção.

Ao percorrer estas páginas, descobrirá os mecanismos de transmissão dos parasitas, os seus ciclos biológicos complexos e as diferentes abordagens terapêuticas disponíveis. Cada capítulo está estruturado de forma a proporcionar uma compreensão aprofundada dos parasitas, desde os protozoários aos helmintas e aos artrópodes vectores. Incluímos também secções sobre os desafios actuais, como a resistência aos medicamentos antiparasitários e as novas tecnologias de diagnóstico.

Este livro foi escrito com o objetivo de fornecer informação clara, precisa e actualizada, baseada nas mais recentes investigações na área. Esperamos que se torne uma referência útil para os estudantes de parasitologia, bem como uma valiosa ferramenta de trabalho para os profissionais de saúde envolvidos no diagnóstico e tratamento das parasitoses.

Este livro é o fruto de vários anos de trabalho, ensino e investigação. Gostaríamos de expressar a nossa gratidão a todos aqueles que contribuíram para a produção deste livro, sejam colegas, estudantes ou profissionais, cujas sugestões e comentários enriqueceram o conteúdo. Esperamos que esta publicação contribua de forma significativa para o estudo dos parasitas e das doenças que causam, e que incentive a investigação futura nesta área crucial.

I- INFORMAÇÕES GERAIS SOBRE O PARASITISMO

1. parasitismo

O parasitismo envolve uma associação estreita entre dois organismos diferentes. Um deles, o hospedeiro, fornece alimento e abrigo ao segundo, o parasita. O parasita pode ou não ser prejudicial ao hospedeiro. Um parasita (do grego para= junto a; sitos= alimento) é um ser vivo que evolui à custa de outro ser vivo sem o destruir completamente. Em muitos casos, o parasita exerce uma ação patogénica sobre o hospedeiro, causando-lhe danos em determinadas fases da sua evolução ou quando existe um número excessivo de parasitas.

O parasitismo deve ser distinguido de outras formas de associação, tais como :
- **comensalismo:** associação entre dois indivíduos diferentes, beneficiando um deles, o comensal, e não causando danos ao hospedeiro (por exemplo, Entamoeba coli que vive no intestino humano).

- **simbiose:** associação entre dois seres vivos para benefício mútuo (por exemplo, protozoários ciliados no rúmen dos ruminantes que digerem a celulose vegetal e a transformam em glicose, um açúcar simples que pode ser assimilado pelo organismo hospedeiro).
- **predação:** associação entre dois indivíduos, um dos quais é o predador (ex.: leão, pantera, lobo, etc.) que mata outro, a presa (ex.: antílope, búfalo, gnu, lebre, etc.) para assegurar a sua subsistência.

1.1.Classificação

Os parasitas são classificados em quatro grupos principais: micromicetas, helmintas, artrópodes e protozoários.

-**Os micromicetes** pertencem ao reino Fungi. Algumas espécies são parasitas, causando doenças em plantas, animais e outros fungos.
- **Os helmintes ou vermes** são organismos invertebrados multicelulares pertencentes ao reino animal, que podem ou não ser parasitas. Dividem-se em dois grupos principais: os vermes chatos e os vermes redondos.

- **Os artrópodes** pertencem ao reino animal e são ectoparasitas responsáveis por muitas doenças, além de serem vectores de muitas doenças humanas e animais.

- **Os protozoários** são protistas, organismos eucarióticos unicelulares, heterotróficos e móveis. A maioria dos protozoários é de vida livre ou vive em simbiose. No entanto, algumas espécies são parasitas patogénicos responsáveis por doenças.

2. Diferentes tipos de parasitismo

- **Parasitismo acidental** Alguns animais de vida livre, como os miriápodes (centopeias) e as larvas de insectos, são capazes de passar para um hospedeiro e causar problemas. Estes são conhecidos como parasitas acidentais.

- **Parasitismo facultativo** Os parasitas facultativos são seres vivos animais ou vegetais que vivem normalmente na matéria orgânica em decomposição e que, em determinadas condições ambientais (feridas, contusões, etc.), podem passar de uma vida livre para uma vida parasitária (por exemplo, as larvas de certas moscas que se desenvolvem normalmente nos cadáveres).

- **Parasitismo obrigatório** São indivíduos que dependem estreitamente do seu hospedeiro para a sua subsistência e que, por isso, não podem levar uma vida livre fora do hospedeiro (por exemplo, lombrigas, ténias, pulgas, piolhos, etc.). Os parasitas obrigatórios incluem :

- **Parasitas temporários** (por exemplo, mosquitos, mutucas, carraças): são parasitas que abandonam os seus hospedeiros depois de se terem alimentado.

- **Parasitas permanentes:** alguns parasitas nunca deixam o seu hospedeiro (por exemplo, piolhos, ácaros da sarna) ou estão presentes apenas nos ovos do ambiente (lombrigas, ténias, oxiúros, etc.).

- **Parasitas periódicos:** muitos seres vivos são parasitas durante uma parte da sua vida:

- **ou na fase adulta** para pulgas, mosquitos, mutucas, etc.
- **ou na fase larvar**, no caso das larvas de Oestrus ovis em ovinos, ou Hypoderma bovis em bovinos...

3. A relação entre os parasitas e o seu hospedeiro

3.1 Especificidade do parasita: é o laço de fidelidade mais ou menos estrito que une um parasita ao seu hospedeiro ou hospedeiros:

- **Parasitas estenoxenos** (sténos: estreito; xénos: hospedeiro): são aqueles que estão muito adaptados a um único hospedeiro e não podem viver à custa de outros hospedeiros (por exemplo, Pou, Plasmodium, Taenia);
- **Parasitas oligoxenos** (oligos: poucos; xenos: hospedeiro): alguns parasitas têm uma especificidade parasitária menos estreita e podem ser encontrados em hospedeiros pertencentes a espécies ou géneros vizinhos (por exemplo, Diphyllobothrium latum: ténia parasita do intestino delgado dos seres humanos, cães e gatos).
- **Os parasitas eurixénicos** (euryos: amplo; xenos: hospedeiro): por outro lado, são apenas vagamente específicos. Podem passar de um hospedeiro para outro com maior ou menor facilidade (por exemplo, insectos hematófagos portadores de doenças comuns ao homem e aos animais).

3.2.Habitat ou localização dos parasitas

Consoante o local, é feita uma distinção entre :

- **ectoparasitas ou parasitas externos** (por exemplo, pulgas, carraças, piolhos...) que vivem na superfície da pele
- **os endoparasitas ou parasitas internos** (por exemplo, ténias, lombrigas, quistos hidáticos, estrôngilos digestivos e respiratórios, vermes do fígado, etc.) que vivem nos diferentes tecidos e nas cavidades profundas do corpo.

3.3. Nutrição

Os parasitas alimentam-se de diferentes formas:

- Os parasitas com tubo digestivo (por exemplo, nemátodos ou lombrigas) alimentam-se capturando os produtos da digestão (quimo intestinal). Os nutrientes são assimilados por enzimas segregadas pelos parasitas.

- Alguns parasitas sem tubo digestivo (vermes chatos: cestodes e trematodes) e os fungos parasitas alimentam-se por osmose.

alimentam-se de uma grande variedade de alimentos: alguns são hematófagos (por exemplo, carraças, pulgas, mosquitos, vermes), outros são histofágicos (por exemplo, ácaros da sarna, vermes do fígado) e alimentam-se de tecidos ou células descamadas. Outros são quimívoros (por exemplo, minhocas).

3.4. Adaptação dos parasitas

A adaptação do parasita resulta, na maioria das vezes, em alterações morfológicas, biológicas e fisiológicas.

a/ Adaptações morfológicas

A transição de certos organismos para a vida parasitária reflecte-se na :

-atrofia ou redução de certos órgãos (por exemplo, órgãos dos sentidos limitados a pequenas papilas na cabeça, no pescoço ou na boca dos nemátodos).

- pelo desaparecimento de certos órgãos locomotores e do sistema circulatório.
- pela regressão dos sistemas digestivo e respiratório.

O parasitismo, por outro lado, é responsável pelo aparecimento de novas caraterísticas morfológicas, tais como órgãos de fixação (ventosas, ganchos de ténias) que permitem ao parasita aderir ao seu hospedeiro. Outros parasitas, por outro lado, não foram modificados pelo parasitismo (por exemplo, protozoários flagelados e ciliados).

b. Adaptações fisiológicas

Alguns parasitas conseguiram adaptar-se a ambientes com pouco ou nenhum oxigénio (anaerobiose) e não sofrem. Outros parasitas conseguiram desenvolver imunidade às enzimas do hospedeiro (por exemplo, a larva da fase L1 de Hypoderma bovis que migra nas massas musculares dos bovinos). Os parasitas segregam substâncias que neutralizam a ação das enzimas do hospedeiro. 6.3)

c. Adaptações biológicas

A adaptação biológica dos parasitas a um determinado hospedeiro está ligada às necessidades de subsistência do parasita e a um conjunto de tropismos. De acordo com Brumpt (1949), os tropismos são definidos como "fenómenos regulares, precisos, inevitáveis, que surgem de uma série de excitações dos seres vivos em relação ao meio exterior".

Existem diferentes tipos de tropismo em função da espécie de parasita, do seu estádio de desenvolvimento, do seu sexo, do seu estado fisiológico e da sua localização. É feita uma distinção entre :

-histotropismo: capacidade do parasita de penetrar nos tecidos do hospedeiro (por exemplo: capacidade do arasita de penetrar nos tecidos do hospedeiro):

larva de Trichina);

- hematotropismo: predileção dos parasitas pelo sangue (por exemplo, Babesia bovis; Trypanosoma berberum).

- dermotropismo: parasitas que vivem na pele (por exemplo, ácaros que causam sarna).

3.5. Ação dos parasitas no hospedeiro.

O parasita introduz 4 tipos de acções que podem ser exercidas sobre o hospedeiro.

1- Ação de espoliação: Esta ação é mais ou menos importante. Todos os parasitas crescem à custa do organismo do qual roubam uma parte das substâncias assimiláveis (vitaminas, sangue, etc.) que lhe eram destinadas. Em alguns casos é insignificante, noutros é muito importante. Muitos parasitas alimentam-se de sangue e têm um papel espoliador evidente: os artrópodes hematófagos (pulgas, mosquitos, carraças, sanguessugas, mutucas, etc.). Alguns parasitas internos (por exemplo, os ancilóstomos) extraem sangue do intestino delgado do seu hospedeiro e desperdiçam-no em grande quantidade. Outros parasitas exercem uma ação espoliadora selectiva sobre o quimo intestinal e consomem grandes quantidades de hidratos de carbono (por exemplo, as lombrigas). Outros alimentam-se dos tecidos do hospedeiro e retiram fragmentos de tecidos do corpo do hospedeiro parasitado (p. ex., vermes jovens do fígado que se alimentam de tecido hepático).

2- Ação tóxica: É devida à emissão (excreção ou secreção) de substâncias tóxicas pelo parasita, que provocam reacções no organismo. Os artrópodes hematófagos inoculam na ferida da picada de um hospedeiro substâncias tóxicas contidas na sua saliva, provocando por vezes fortes reacções inflamatórias e nervosas no hospedeiro.

Por exemplo, os protozoários parasitas Babesia spp, Trypanosoma berberum e Leishmania infantum podem ser altamente tóxicos, causando lesões necróticas em vários órgãos e perturbações nervosas nos indivíduos parasitados.

Outros parasitas produzem produtos tóxicos quer na fase adulta (por exemplo, lombriga) quer na fase larvar (por exemplo, larva L1 de Hypoderma bovis) e armazenam-nos na sua cavidade geral. A sua destruição maciça após o tratamento permite a libertação de grandes quantidades de toxinas que causam perturbações graves nos animais.

3- **Ação infecciosa:** As larvas de certos vermes perfuram a pele ou as mucosas e efectuam migrações complexas no interior do organismo, provocando infecções graves. Alguns parasitas coexistem com certos micróbios, pelo que a sua introdução no organismo hospedeiro permite a penetração do micróbio. Do mesmo modo, certos helmintes (vermes) podem favorecer a infeção, aumentando a suscetibilidade geral dos animais parasitados (por exemplo, durante a sua migração, as verrugas jovens podem transportar esporos de germes anaeróbios (Clostridia) do intestino para o fígado, onde são responsáveis por uma hepatite necrosante.

4- **Ação mecânica:** Durante o seu desenvolvimento, alguns parasitas exercem uma ação mecânica de compressão sobre os órgãos (por exemplo, os quistos hidáticos). Outros parasitas, quando numerosos, podem provocar obstruções intestinais ou vesiculares (por exemplo, obliteração do canal biliar por larvas de lombriga).

5- **Ação traumática:** Os artrópodes hematófagos (carraças, pulgas, mosquitos, etc.) utilizam as suas peças bucais para exercer uma ação traumática, perfurando a pele quando são picados. Certas larvas de helmintes (vermes) rompem o tegumento durante a fase de penetração (por exemplo, larva do estádio L3 de Ankylostoma caninum) ou através da parede intestinal (por exemplo, larva de Toxocara canis) e migram para várias partes do corpo.

6- **Transmissão de germes patogénicos:** Os artrópodes que picam inoculam vários germes patogénicos (parasitas, bactérias, vírus, etc.) durante a sua refeição de sangue:

Por exemplo, as moscas da areia, que são insectos hematófagos, infectam os cães com Leishmania canis.

3.6. Reação do hospedeiro

A presença de parasitas desencadeia dois tipos de reacções de defesa no hospedeiro: celular e humoral.

3.4.1. Reacções celulares

a) **A fagocitose:** é a primeira barreira à infestação parasitária. Este meio de defesa pode, por vezes, favorecer a evolução de certos parasitas cujo habitat é o protoplasma dos macrófagos (ex.: multiplicação da Leishmania infantum nas células do S.R.H.). Outras reacções celulares podem ocorrer se a fagocitose não for suficiente para neutralizar os parasitas.

b) **Reacções inflamatórias:** caracterizam-se por neoformações conjuntivo-vasculares mais ou menos ricas em leucócitos diversos e no centro das quais o parasita se encontra por vezes encistado (ex.: concha fibroconjuntival do quisto hidático). Para além do tecido conjuntivo, as reacções nodulares observadas à volta das larvas são constituídas por células eosinofílicas e células gigantes.

c) **Eosinofilia:** a eosinofilia sanguínea é também um meio de defesa do organismo contra várias toxinas, mas não é específica das doenças parasitárias. Também está presente na alergia .

Em parasitologia**, a eosinofilia** é particularmente marcada nas helmintoses (doenças causadas por vermes parasitas).

3.4.2 Reacções humorais

A presença de parasitas e das suas toxinas induz o organismo a sintetizar vários anticorpos

4. Ciclo

Para garantir a continuidade da sua própria espécie, o parasita tem de sofrer transformações e seguir trajectórias evolutivas por vezes muito complexas, formando aquilo a que se chama o ciclo parasitário. Dada a complexidade de alguns destes ciclos, é surpreendente constatar a persistência de espécies cujas hipóteses de sobrevivência parecem incertas. Os parasitas compensam esta desvantagem :

• fertilização extraordinária: T.saginata 150 milhões de ovos por ano:
•poliembrionia: multiplicação intensa na fase larvar (hidátide, formas larvares em brotamento de vermes);

• resistência notável no ambiente externo (os ovos da lombriga sobrevivem durante anos):
•um tempo de vida muito longo no hospedeiro: dezenas de anos para Plasmodium, Anguillaria e Filaria;

• adaptação metabólica e imunológica (mimetismo): anti-enzimas (Taenia), modificação da estrutura do antigénio (esquistossomas).

4.1.Diferentes tipos de ciclos evolutivos

Os diferentes ciclos podem resumir-se ao número de hospedeiros que um parasita necessita para passar à geração seguinte. É sempre na fase larvar que um parasita chega a um hospedeiro e se instala no local (órgão) que lhe convém, para se tornar adulto e se reproduzir. Este hospedeiro é
sempre o hospedeiro definitivo.

Os dois principais tipos de ciclos biológicos são :
• O ciclo direto: ciclo do monoxeno ou do holoxeno
• Ciclos indirectos: ciclos heterogéneos

a. **O ciclo direto ou ciclo do monoxeno ou do holoxeno**

O parasita completa todo o seu ciclo no mesmo hospedeiro ou, em parte, no meio externo. Os parasitas são ditos monoxenos (sem passagem pelo meio externo: piolhos, ácaros da sarna, etc.; com passagem pelo meio externo: lombrigas, estrôngilos digestivos, etc.).

b. **O ciclo indireto ou heteroxeno**

o ciclo evolutivo do parasita tem lugar em vários hospedeiros: o parasita vive como adulto num hospedeiro chamado hospedeiro definitivo e evolui como larva num ou mais hospedeiros chamados hospedeiros intermédios. Os parasitas são referidos como parasitas heteroxénicos (por exemplo, Echinococcus granulosus: fase adulta do parasita em cães; fase larvar em ruminantes e humanos). Na maior parte das vezes, o hospedeiro definitivo (H.D.) alberga as formas sexuadas ou as fases adultas e o
intermediário (H.I.) abriga as formas assexuadas ou estágios larvais.

• **O anfitrião final (HD)**

Por definição, é o ser vivo que alberga a forma adulta do parasita. No entanto, na malária, embora as formas sexuadas se desenvolvam em Do ponto de vista epidemiológico prático (e não parasitológico), os seres humanos são considerados como HD para o Plasmodium.

• **O hospedeiro intermediário (HI)**

Na cadeia epidemiológica, situa-se entre o reservatório do parasita e o hospedeiro recetor. Para falar de um hospedeiro intermediário no verdadeiro sentido da palavra, o parasita deve passar por este hospedeiro para assegurar a sua maturação ou a sua verdadeira multiplicação, e muitas vezes as duas coisas.
As formas infestantes só aparecem após a passagem biologicamente essencial por este hospedeiro intermediário.
Estes hospedeiros intermédios podem ser diferenciados em :
H.I. Passivo: São hospedeiros contentes da forma infestante ou dos seus estádios anteriores, com exceção da forma adulta, sem se aproximarem do reservatório do parasita para contrair o parasita, ou do hospedeiro recetivo para transmitir as formas infestantes. Por exemplo, os moluscos para as vermes ou esquistossomas; os ciclopes para a filária de Medina; a carne de vaca ou de porco para as ténias.
H.I. ativa: Não só albergam o parasita em desenvolvimento, como também se deslocam em direção ao reservatório do parasita para contrair o parasitismo e em direção ao hospedeiro recetivo para o transmitir ou inocular.
Estes H.I. são vectores (moscas tsé-tsé para a doença do sono, mosquitos para o verme do fio de Bancroft, mutucas para o verme do fio de Loa loa).

Vectores

São os transmissores dos parasitas.

É possível distinguir os vectores biológicos indispensáveis ao ciclo de vida do parasita e que asseguram a maturação ou a multiplicação. Estes são os vectores H
.I. ativa (artrópodes hematófagos).
Vectores puramente mecânicos que têm uma função fonética simples (transporte) que não é essencial para o ciclo de vida do parasita (por exemplo, moscas: transportam quistos de amebas - suportam o grito das metacercárias do fosso).

- **O reservatório do parasita (R.P.)**

Este é o biótopo no qual o parasita sobrevive. De um modo geral, fora de um meio radial (solo: RP telúrico) será um hospedeiro definitivo que alberga o parasita.

4.2. Epidemiologia e modos de infestação :

O hospedeiro pode ser infestado de diferentes formas, consoante o ciclo do parasita:

- As formas de vida livre infetam geralmente por via oral, transdérmica ou sexual.
- Algumas formas são transmitidas por um hospedeiro intermediário, quer por via oral (ingestão do HI ou ingestão de carne parasitada), quer por picadas de insectos (deposição de saliva, fezes ou secreções).
- Por transfusão de sangue
- Através do enxerto de um órgão parasitado

5. Diagnóstico

O diagnóstico das infecções parasitárias baseia-se em análises biológicas. Estas envolvem a deteção do parasita numa amostra biológica ou a observação da reação do organismo ao parasita. O parasita pode ser detectado diretamente na amostra através de :

- Observação macroscópica (no caso de parasitas visíveis a olho nu) ;
- Observação microscópica
- Análise imunológica
- Histologia
- Técnicas de biologia molecular;

Pode também ser efectuado indiretamente através da cultura do parasita num meio ou da inoculação de um animal. O diagnóstico biológico baseia-se nas alterações biológicas provocadas por respostas não específicas do hospedeiro (como a anemia, a hipereosinofilia, etc.) ou por reacções específicas do sistema imunitário (deteção de anticorpos específicos).

6. Profilaxia

O objetivo das medidas profiláticas é combater as doenças parasitárias. O objetivo da profilaxia é quebrar o ciclo evolutivo dos parasitas. Para isso, são aplicados dois tipos de medidas: medidas ofensivas ou profilaxia geral e medidas defensivas ou profilaxia individual.

6.1. Profilaxia geral: O objetivo é destruir os parasitas onde quer que se encontrem: no corpo do hospedeiro, no ambiente externo e nos hospedeiros intermediários onde existam.

6.1.1. No hospedeiro: tratamento médico com produtos específicos (anti-helmínticos, insecticidas, antifúngicos, etc.) e tratamento sanitário com agentes físicos (frio, calor).

6.1.2. No ambiente externo :

- drenagem dos lagos para eliminar os locais de reprodução de vários parasitas.
- espalhar insecticidas e moluscicidas.
- destruição das fezes dos animais parasitados pelo fogo ou pelo método biotérmico.

6.1.3. Ação sobre os hospedeiros intermediários e os vectores

- O controlo dos vectores baseia-se essencialmente na utilização de meios químicos (insecticidas, acaricidas, etc.).

6.2. Profilaxia individual Consiste em prevenir a infestação por diversos meios vacinação e medidas de higiene.

II. PROTOZOÁRIOS PARASITAS

- Reino: Protista
- Filo de Sarcomastigophora (Rhizoflagelados)
- Subfilo Mastigophora (Flagelados)
- Classe de Zoomastigophora (ou Zooflagelados)
- Ordem Kinetoplastida
- Subordem Trypanosomatina
- Família Trypanosomatidae

Os tripanossomas são protozoários parasitas, eucariotas unicelulares, pertencentes à ordem Kinetoplastida.

A ordem Kinetoplastidae compreende um grupo de protozoários com uma única mitocôndria gigante dentro da qual o DNA mitocondrial é compactado, formando uma estrutura densa chamada cinetoplasto. A subordem Trypanosomatina compreende uma única família Trypanosomatidae com um único flagelo (Levine et al. 1980). Os Trypanosomatidae infectam todas as classes de vertebrados e alguns invertebrados, como as plantas.

De todos os Trypanosomatidae, dois géneros são conhecidos como grandes agentes patogénicos: Leishmania spp e Trypanosoma spp. São responsáveis por doenças nos seres humanos e noutros animais em todo o mundo, causando grandes perdas sociais e económicas

Os tripanossomídeos parasitas do homem pertencem ao género **Trypanosoma** ou ao género **Leishmania;** são parasitas bastante complexos que requerem frequentemente a presença de vários hospedeiros durante os seus ciclos de desenvolvimento, durante os quais passam por uma sucessão de estádios morfológicos.

II.1. Espécie: Trypanosoma brucei, responsável pela tripanossomíase humana africana (HAT) ou doença do sono

A tripanossomíase humana africana (HAT), também conhecida como doença do sono, é causada pelo parasita T. brucei, transmitido ao hospedeiro final pelo seu vetor, a mosca tsé-tsé. Apesar de raros relatos de auto-cura, a doença do sono é fatal sem tratamento.

A THA é causada por duas subespécies de T. brucei

T. b. rhodesiense

T. b. gambiense.

- **Morfologia :**

O T. brucei é um parasita flagelado unicelular que mede aproximadamente 20-25 µm de comprimento e 3-5 µm de largura na forma procíclica e 15 µm de comprimento e 2 µm de largura na forma sanguínea. A forma do parasita é mantida por um citoesqueleto de microtúbulos subcelulares (Fig.1). Possui um flagelo, que lhe confere motilidade e mobilidade, emergindo da parte posterior do parasita ao nível dos corpos basais, junto à bolsa flagelar. O flagelo está ligado a todo o corpo celular, até à parte anterior onde a sua extremidade é livre. O genoma mitocondrial está compactado numa estrutura densa denominada **cinetoplasto**, uma grande estrutura que pode ser revelada por corantes específicos de ADN.

Os tripanossomídeos são parasitas flagelados com um único flagelo virado para a frente, frequentemente ligado ao corpo por **uma membrana ondulante** (Fig.1). Caracterizam-se pela presença de **um cinetoplasto** (uma parte diferenciada da mitocôndria que contém ¼ do ADN da célula).mitocôndrias gigantes de Trypanosomidae). O cinetoplasto está sempre ligado ao blefaroplasto do flagelo. Apresentam um único flagelo que corre ao longo da superfície celular. Este flagelo, dito recorrente, apresenta-se como uma "membrana ondulante".

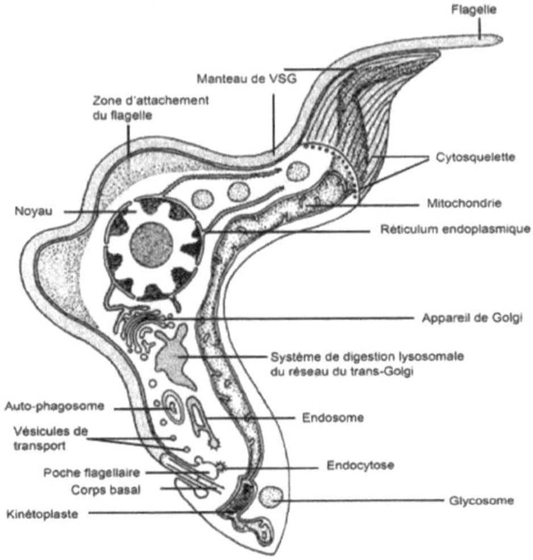

Figura 1: Diagrama esquemático da arquitetura celular da forma sanguínea do Trypanosoma brucei

Adaptado de (Vickerman, Myler, e Stuart 1993)

Forma tripomastigota: Trata-se de uma forma alongada com um núcleo central, um cinetoplasto posterior, uma membrana ondulante ao longo do corpo e um flagelo livre na extremidade anterior (Fig. 2a).

O corpo celular mede 15 a 20 µm de comprimento (o tamanho de 3 glóbulos vermelhos), é móvel no sangue dos vertebrados e multiplica-se por divisão binária.

Nota: existe uma forma mais estocástica conhecida como "metacíclico infecioso", que é o fim evolutivo do HI e garante a contaminação do HD.

Forma epimastigota: Trata-se de uma forma alongada com um núcleo central, um cinetoplasto próximo do núcleo, uma membrana ondulante que corre ao longo do corpo a partir do núcleo e um flagelo livre a partir da extremidade anterior (Fig. 2b). O corpo celular tem 15 a 20 µm de comprimento e encontra-se no hospedeiro intermediário.

Forma pró-mastigota: é alongada e tem um núcleo central e um cinetoplasto muito anterior localizado na base do flagelo que mede 10 a 15 µm. O corpo celular mede 8-24 x 4- 5 µm e é altamente móvel, movendo-se para a frente com o flagelo. Esta forma multiplica-se por cissiparidade e encontra-se no trato digestivo dos hospedeiros intermediários.

Forma amastigota: Esta forma difere grandemente das três anteriores pelo seu tamanho muito pequeno (2 a 4 microns) (Fig. 2c), pela sua forma arredondada e pela ausência do chicote flagelar livre (o flagelo está reduzido a uma curta porção interna). Esta forma é, portanto, imóvel e adaptada à vida intracelular. Em contrapartida, as outras três formas são móveis e adaptadas à vida no meio ambiente.

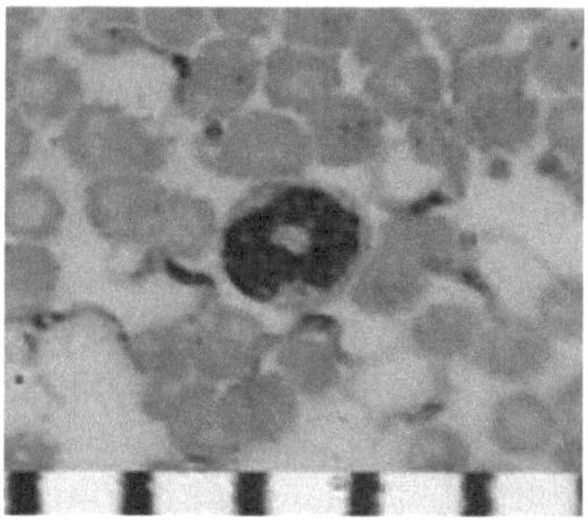

Fig 2a: Forma tripomastigota

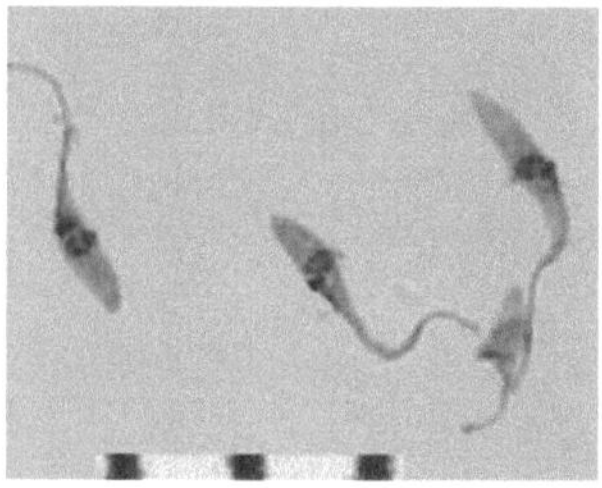

Fig. 2b: Forma epimastigota

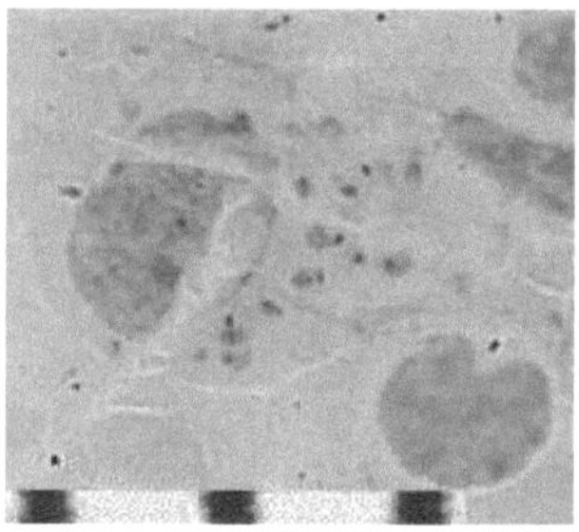

Fig 2c: Forma amastigota

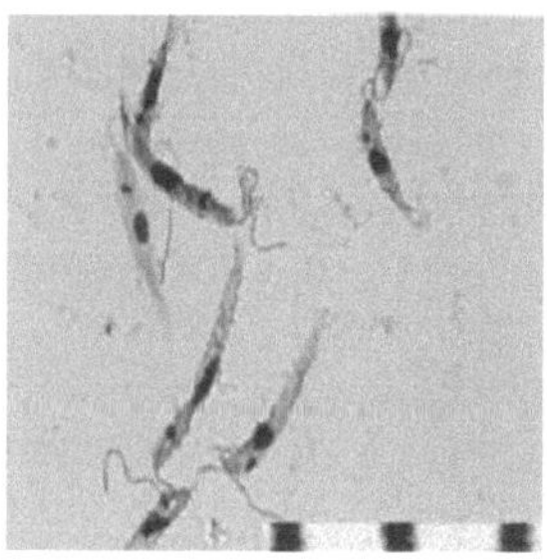

Fig2d: Forma promastigota

As formas tripomastigota e amastigota encontram-se no hospedeiro final vertebrado, enquanto as formas promastigota e epimastigota se encontram no hospedeiro intermediário inseto.

- **Ciclo evolutivo :**

O T. brucei tem um ciclo de vida complexo, transmitido ao hospedeiro mamífero pelo seu vetor, a mosca tsé-tsé. O ciclo de desenvolvimento alterna entre **2 hospedeiros** (ciclo teneno):

- Um vertebrado (mamíferos=HD) onde se encontram no sangue.
- O outro invertebrado (mosca tsé-tsé=HI) onde estão localizados no trato digestivo. Nestes dois hospedeiros, sofrerá alterações na sua morfologia (Fig. 3).

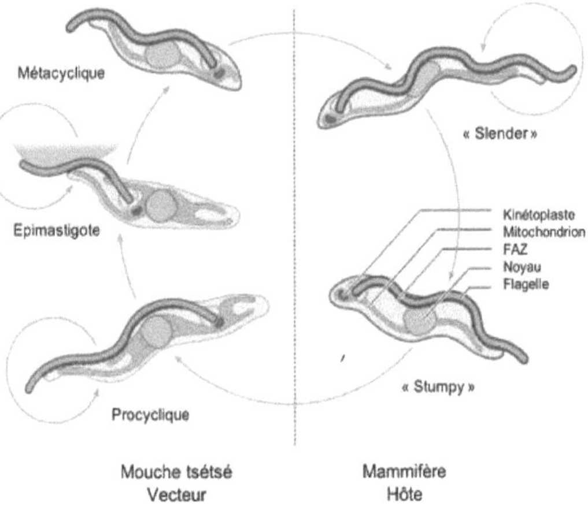

Figura 3: Ciclo de vida do Trypanosoma brucei

Hospedeiro definitivo (HD): macho para T. brucei.

Quando uma mosca tsé-tsé infetada pica um hospedeiro saudável, liberta **tripanossomas metacíclicos**, presentes na saliva da mosca, para a corrente sanguínea.

As formas metacíclicas diferenciam-se numa forma sanguínea tripomastigota de replicação longa, conhecida como "delgada", que se multiplica no sangue. Também pode invadir outros órgãos, particularmente o cérebro e o sistema nervoso central (SNC).

A forma "delgada" pode também diferenciar-se no sangue ou noutros órgãos e tecidos numa forma tripomastigota curta e não replicante, conhecida como "atarracada". A forma "stumpy" está pré-adaptada ao ambiente da mosca, com o aparecimento de uma capa de prociclina e a reativação da cadeia respiratória mitocondrial (Fig.3).

Hospedeiro intermediário (HI): O hospedeiro intermediário é Glossina sp**,** vulgarmente designada por mosca tsé-tsé (Fig. 4), que é um inseto díptero **cujos machos e fêmeas são hematófagos.**

Glossina palpalis transmitiu T. gambiense

Quando uma mosca tsé-tsé pica um hospedeiro infetado com T. brucei, ingere tripanossomas na sua refeição de sangue.

Dentro do estômago da mosca, algumas horas após a ingestão, os tripanossomas diferenciam-se **numa forma procíclica.** A forma procíclica é replicativa, multiplicando-se no intestino médio da mosca e depois migrando para as glândulas salivares.

Durante a migração, a forma procíclica diferencia-se na **forma epimastigota**. A forma epimastigota é caracterizada por uma divisão assimétrica, com a formação de um epimastigota longo e um epismastigota curto. A forma longa é replicativa, enquanto a forma curta é não replicativa. Os tripanossomas migram para as glândulas salivares, altura em que as formas epimastigotas curtas se fixam ao epitélio das glândulas salivares pelos seus flagelos e se alongam, acabando por se diferenciar **numa forma metacíclica** que é libertada no lúmen. **A forma metacíclica é a forma infecciosa** pré-adaptada ao ambiente do hospedeiro e, em particular, tem **um revestimento de glicoproteína de superfície variável (VSG).** A duração do desenvolvimento no interior da tsé-tsé varia, em média, entre 20 e 30 dias (Fig.3). As formas metacíclicas são transmitidas à DH durante uma picada subsequente da mosca parasitada.

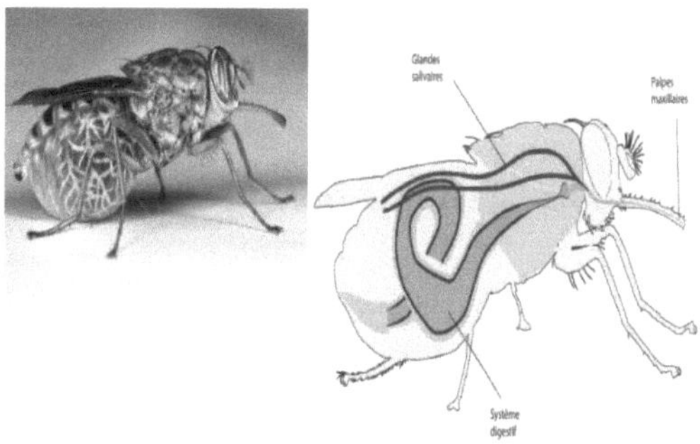

Figura 4: Mosca tsé-tsé após uma refeição de sangue e sua representação esquemática

■ As moscas tsé-tsé são estritamente africanas e transmitem a doença do sono, também conhecida como **tripanossomíase africana**. Portanto, existem:
- **A tripanossomíase da África Ocidental**, que ocorre na África Ocidental e é causada por Trypanosoma brucei gambiense, transmitido por Glossina palpalis
- **Tripanossomíase da África Oriental**, causada por Trypanosoma brucei rhodesiensee e transmitida por Glossina morsitans.

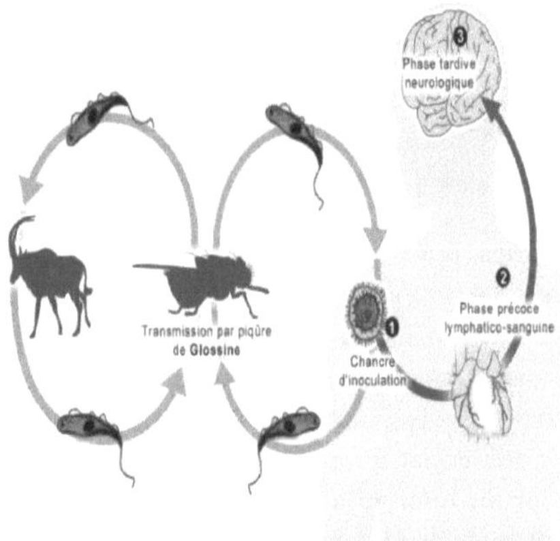

Figura 5: Ciclo de transmissão dos tripanossomas africanos e da tripanossomíase africana humana/animal

Transmissão de tripanossomas por uma mosca tsé-tsé infetada num hospedeiro humano ou animal saudável. No local da picada, pode ser observado um cancro de inoculação (Fig.5). A fase inicial da doença é a fase hemolinfática e a segunda fase é a fase meningoencefálica.

II.2. Espécies: Leishmania spp, agente da leishmaniose

- Reino: Protista
- Filo de Sarcomastigophora (Rhizoflagelados)
- Subfilo Mastigophora (Flagelados)
- Classe de Zoomastigophora (ou Zooflagelados)
- Ordem Kinetoplastida
- Subordem Trypanosomatina
- Família Trypanosomatidae
- Género: Leishmania

A leishmaniose é uma antropozoonose ou antroponose causada por protozoários flagelados pertencentes ao género Leishmania. Este parasita é **di-mórfico**: é transportado por uma fêmea de um pequeno inseto díptero, a mosca da areia, sob a forma de um promastigota flagelado móvel e, uma vez inoculado num mamífero, este parasita diferencia-se nas células fagocíticas numa forma intracelular arredondada conhecida como amastigota. Os vectores da leishmaniose são fêmeas hematófagas de moscas da areia da ordem Diptera, género Phlebotomus. Existem cerca de 1.000 espécies conhecidas de flebótomos, das quais menos de 50 são vectores do parasita da Leishmania.

• **Morfologia :**

- Ovoide, 2 a 3 µm de diâmetro; 1 núcleo + 1 cinetoplasto. Multiplicação por cissiparidade, imóvel, necessariamente endocelular (Fig.6a).

- **Forma promastigota** no hospedeiro intermediário inseto (Phlebotomus): alongada, flagelada, com 8-24 x 4-5 µm de comprimento e altamente móvel, movendo o flagelo para a frente (Fig. 6b); multiplicação por sissiparidade. Encontrado no trato digestivo de hospedeiros intermediários e em cultura in vitro.

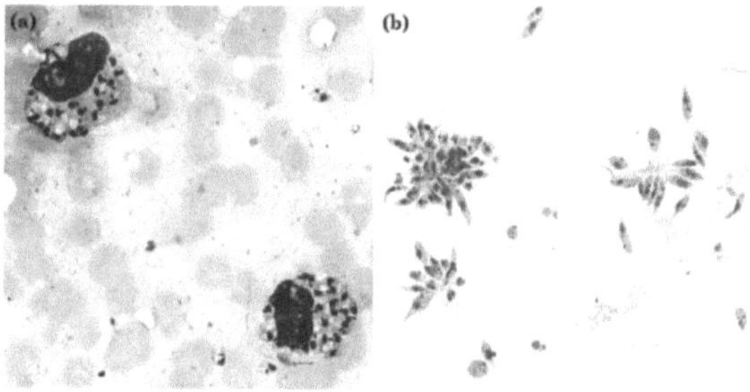

Figura 6: (a) Amastigotas de Leishmania sp. em dois macrófagos com preparação corada com Giemsa. (b) Promastigotas de Leishmania sp. em cultura.

- **Ciclo evolutivo:** Este parasita ocorre em duas formas distintas: a forma amastigota HD e a forma promastigota HI.

- **Hospedeiro definitivo (HD): seres humanos e animais** (cães, roedores selvagens).

No hospedeiro vertebrado, os parasitas encontram-se na pele e no sangue e são intracelulares e estão localizados nas células do **sistema** fagocítico mononuclear ou **do sistema reticuloendotelial.** Multiplicam-se por cissiparidade, permitindo a propagação do parasita no hospedeiro. Esta forma do parasita, conhecida como **amastigota,** é ingerida pelos flebótomos durante uma refeição de sangue (Fig.7)

-Hospedeiro intermediário (HI): um inseto picador do grupo dos flebótomos **(género: Phlebotomus),** cuja **fêmea é hematófaga**. Os flebotomíneos são noturnos e crepusculares e voam silenciosamente. Têm 2 a 3 mm de comprimento e podem atravessar a malha de um mosquiteiro.

No vetor, as leishmanias amastigotas transformam-se rapidamente em promastigotas procíclicas durante as 24 a 48 horas seguintes (Fig. 7). Estas formas extracelulares móveis, com um flagelo posicionado anteriormente, multiplicam-se durante 3 dias e acabam por atravessar a membrana para o lúmen intestinal, onde migram para o intestino anterior, onde os parasitas se fixam às microvilosidades do epitélio. Nesta fase, os promasigotas leishmaniais procíclicos podem passar à fase metacíclica, que é a forma infetante para os hospedeiros. No final do ciclo no vetor, as formas metacíclicas acumulam-se no intestino médio anterior do mosquito da areia (proventrículo ou faringe, consoante o subgénero), prontas para serem injectadas num novo hospedeiro vertebrado durante a próxima refeição de sangue. No total, o tempo necessário para os parasitas completarem o ciclo no vetor varia entre 1 e 2 semanas, dependendo da espécie.

Os parasitas promastigotas metacíclicos são transmitidos ao hospedeiro durante a segunda refeição de sangue do mosquito da areia. Após a injeção dos parasitas na derme dos hospedeiros vertebrados, o seu estabelecimento é facilitado por um certo número de mecanismos adaptativos, tais como a injeção de saliva pelo vetor, que desempenha um papel no sucesso da infeção (Kamhawi et al. 2000), ou a implementação da apoptose na leishmania, que favorece a colonização dos macrófagos (Van Zandbergen et al. 2004).

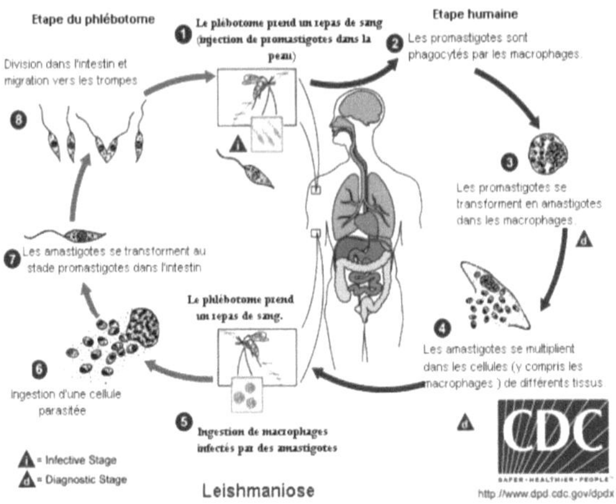

Figura7: Ciclo parasitário completo da Leishmania nos hospedeiros e no vetor. Adaptado de Harhay et al (2011).

Os parasitas são então fagocitados pelos macrófagos e perdem novamente a sua mobilidade, voltando à forma amastigota para se multiplicarem num vacúolo parasitóforo (Fig.7). Este vacúolo é formado pelos parasitas como um novo compartimento celular que lhes permite dividir-se sem serem digeridos pelos macrófagos. A transformação em formas amastigotas endocelulares ocorre em poucos minutos.

- **Formulários clínicos**

As manifestações clínicas da leishmaniose dependem da espécie infetante de Leishmania, da biologia do vetor e da resposta imunitária do hospedeiro (Tab. 1). O resultado destas interações é um espetro de doença que pode variar desde lesões cutâneas localizadas até danos difusos no sistema reticuloendotelial. Tradicionalmente, a leishmaniose humana tem sido classificada em três síndromes clínicas principais: leishmaniose visceral (LV) ou Kala- azar, leishmaniose cutânea (LC) e leishmaniose mucocutânea (LCM). No entanto, existem outras variantes da doença, dada a grande diversidade das espécies de Leishmania e a resposta imunitária, que difere de um hospedeiro para outro.

Quadro 1: Formas clínicas de leishmaniose na Argélia de acordo com a espécie de Leishmania e o vetor

Agente patogénico	No mundo	Agente patogénico	Vetorial	Argélia
L. donovani	LV	L. infantum	P.perniciosus p.longicuspis	LV LC forma seca
L. tropica	LC	L. major	p.papatasi	LC Zoonótica ou unha de Biskra : forma húmida
L. braziliensis	LCM	L. killicki	P.sergenti	LC

A LV é a forma mais grave de leishmaniose, uma vez que, se não for tratada, pode levar à morte do doente.

A doença pode ser fatal. As manifestações clínicas são dominadas por surtos irregulares e prolongados de febre, esplenomegalia, anemia e perda de sangue.de peso. A sua intensidade reflecte a multiplicação e o estabelecimento dos parasitas em determinados órgãos, como a medula óssea e o baço. Antigamente, a LV era considerada uma doença pediátrica e só nos anos 80 é que foram descritos casos de LV em adultos, sobretudo em indivíduos imunocomprometidos. São conhecidas duas estirpes de Leishmania que causam a LV: L. donovani, a espécie antroponótica, que é altamente endémica na África Oriental e no subcontinente indiano, e L. infantum, a espécie zoonótica (reservatório: cão), que se encontra em redor do Mediterrâneo, no Médio Oriente e na América do Sul.

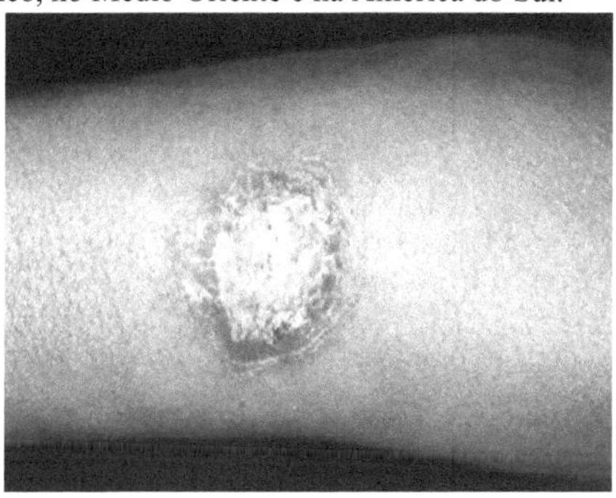

Figura 8: Leishmaniose cutânea zoonótica Biskra unha aspeto ulcerativo-crostoso

A leishmaniose cutânea (LC) é a forma de leishmaniose mais difundida no mundo. A inoculação da pele com Leishmania promastigote causa uma lesão cutânea que cicatriza espontaneamente, mas deixa cicatrizes inestéticas (fig.8). A leishmaniose mucocutânea (LCM) envolve a destruição total ou parcial das membranas mucosas do nariz, boca e garganta. Inicia-se com o aparecimento de lesões cutâneas perfeitamente semelhantes às da LC, que acabam por cicatrizar em 6 meses a 1 ano. Estas lesões são seguidas (ou concomitantes) por uma outra infeção que ataca preferencialmente as cavidades nasais e orais.

As lesões ulcerativas podem estender-se à orofaringe e à traqueia e podem ser muito desfigurantes. Esta patologia é essencialmente causada pela estirpe L. braziliensis.

- Reino: Protista
- Filo de Sarcomastigophora (Rhizoflagelados)
- Subfilo Mastigophora (Flagelados)
- Classe de Zoomastigophora (ou Zooflagelados)
- Ordem dos Diplomonadida
- Subordem: Diplomonadina
- Género: Giardia
- Espécies: Giardia intestinalis

Giardia duodenalis, Giardia lamblia ou intestinalis é um protozoário flagelado que se apresenta sob duas formas: vegetativa ou trofozoíto e cística.

1. Forma vegetativa: O corpo tem forma de pipa, medindo 10 a 20 microns por 6 a 10 microns, com simetria bilateral em relação a um eixo mediano representado pelo axóstilo (Fig. 9). Esta forma é côncava ventralmente e convexa dorsalmente. Possui 2 núcleos, 2 corpos parabasais em forma de vírgula e 4 pares de flagelos: 3 pares anteriores e um par na extremidade posterior. Vive no duodeno e no início do jejuno. Realiza movimentos rápidos que lembram a queda de folhas, girando sobre si mesmo e fixando-se por ventosas na base das vilosidades do intestino delgado. Esta forma raramente é observada à coproscopia, exceto quando se examinam diretamente as fezes frescas.

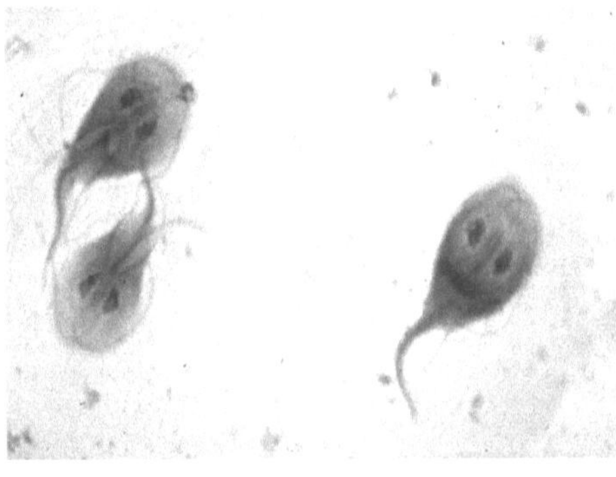

Figura 9: Giardia intestinalis em forma vegetativa

2. A forma cística: Ovoide, com 8 a 12 microns de comprimento e 7 a 10 microns de diâmetro, com uma casca fina e altamente refractiva e dois corpos parabasais em forma de vírgula. Os resíduos flagelares estão agrupados num feixe ao longo do eixo do quisto. As formas pré-císticas têm 2 núcleos, as formas císticas maduras têm 4 núcleos. Esta forma desenvolve-se no cólon. Os quistos são muito resistentes, especialmente na água, e podem sobreviver a baixas temperaturas (2 meses a+ 8°C). A água sanitária na concentração habitualmente utilizada para esterilizar a água potável é insuficiente para os matar, mas a fervura e a congelação (a -20°C) destroem-nos.

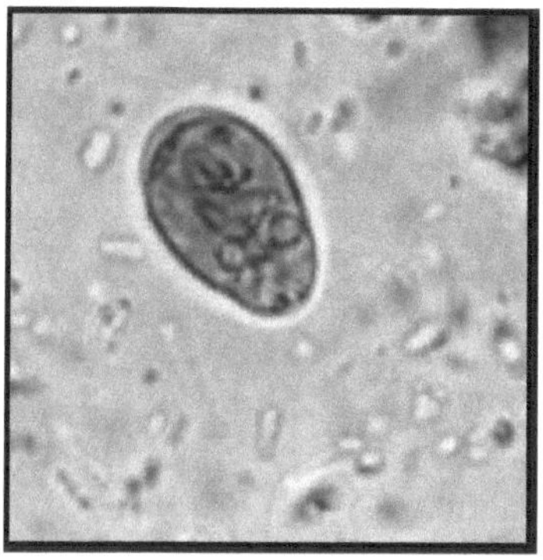

Figura 10: Giardia intestinalis na forma cística

Ciclo evolutivo :

O ciclo de vida da Giardia é monoxeno e compreende apenas duas fases, a fase de encistamento e a fase de produção de trofozoítos (Fig.11). A maior parte do ciclo ocorre no interior do hospedeiro, seja ele humano ou animal, que desencadeia a excitação quando ingere os quistos. A exposição combinada de ácido no estômago e de sais biliares no intestino delgado proximal estimula a libertação de trofozoítos dos quistos, que se fixam e colonizam a superfície da mucosa do intestino delgado, onde se multiplicam rapidamente por fissão assexuada binária. Os trofozoítos no intestino delgado formam progressivamente quistos que são eliminados nas fezes, e é aqui que começa a fase exógena do ciclo. No exterior, estes quistos permanecem quiescentes se encontrarem a humidade e a temperatura favoráveis à sua manutenção no meio ambiente. São resistentes e persistem durante muito tempo na água, na lama, no solo e nos alimentos que são ingeridos por outro hospedeiro.

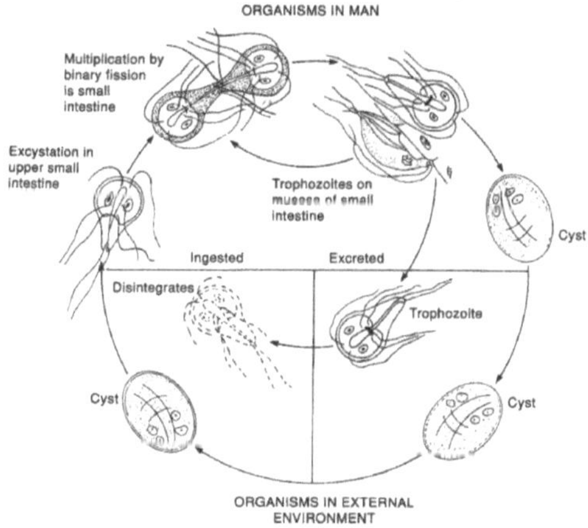

Figura 11: Ciclo evolutivo de Giardia intestinalis (Smith e Paget, 2007)

Modos de transmissão

A transmissão ocorre através **ingestão de quistos:**
- A giardíase pode ser transmitida através da ingestão de água contaminada e, mais importante ainda, raramente através da ingestão de alimentos contaminados.
- A transmissão também ocorre através do contacto direto ou indireto após contaminação do ambiente e das mãos com cistos.

Epidemiologia

A G. intestinalis é um parasita ubíquo encontrado em regiões temperadas e tropicais, com uma prevalência que varia de acordo com a idade e o nível socioeconómico. Embora seja frequente, a maioria dos doentes permanece assintomática. Em todo o caso, os sintomas da giardíase variam em função da estirpe, do ambiente (frequência de transmissão) e da resposta imunitária do organismo hospedeiro.

Clínica

A infeção é assintomática na maioria das crianças e adultos. A infeção sintomática ocorre mais frequentemente nas crianças. Está associada a uma grande variedade de sintomas: diarreia aguda, crónica ou intermitente, fadiga, inchaço, flatulência, cólicas abdominais, fezes gordurosas, pálidas e com mau cheiro, perda de apetite, perda de peso, vómitos e febre. A infeção é benigna na maioria dos casos.

Complicações

Muito raramente, a infeção crónica pode levar a uma síndrome de má absorção com deficiências vitamínicas e deficiência de lactase (intolerância à lactose), que pode persistir durante várias semanas após o tratamento. As crianças com menos de 5 anos de idade, as mulheres grávidas e os doentes imunodeprimidos podem desenvolver uma infeção mais grave (por exemplo, desidratação que requer hospitalização).

Diagnóstico biológico

1. Exame parasitológico das fezes, repetido 3 vezes, com vários dias de intervalo, porque não há períodos de transmissão (quistos no exame direto ou após concentração: MIF, Ritchie, Bailenger),

- exame do líquido duodenal recolhido pelo Enterotest ou aspirado aquando de uma endoscopia digestiva (trofozoítos),

- biopsias duodenais endoscópicas (trofozoítos no lúmen intestinal).

2. **Tiras** de **diagnóstico rápido** para a deteção de antigénios de Giardia intestinalis nas fezes. Trata-se de um teste de rastreio agudo.

3. **Utilização de anticorpos anticorpos monoclonais** para a deteção de parasitas por imunofluorescência ou para a deteção de copro-antigénios por imunofixação ou ELISA

4. **Diagnóstico serológico:** determinação da IgG sérica por ELISA, que é útil para o estudo da epidemiologia.

5. **Vantagens da PCR em tempo real:** permite detetar o parasita e determinar o genótipo específico

Profilaxia

A giardiose é uma doença causada por perigo fecal: a profilaxia é a mesma que para as infecções fecais-orais, nomeadamente a higiene das mãos e a educação sanitária.

- Reino: Protista
- Filo de Sarcomastigophora (Rhizoflagelados)
- Subfilo Mastigophora (Flagelados)
- Classe de Zoomastigophora (ou Zooflagelados)
- Ordem Trichomonadida
- Género Trichomonas
- Espécies : T. vaginalis

A tricomoníase urogenital é uma infeção sexualmente transmissível (IST) comum, cosmopolita e benigna, causada por Trichomonas vaginalis, um protozoário flagelado, parasita estrito do trato urogenital. É a primeira causa de infeção sexualmente transmissível no mundo. O Trichomonas vaginalis é frequente nas mulheres entre os 16 e os 35 anos e afecta cerca de 20-25% delas durante o período fértil. A vaginite causada por Trichomonas vaginalis é responsável por 50% das vaginites com leucorreia.

2. **Morfologia**

Trichomonas vaginalis é um parasita estritamente humano que existe apenas na forma vegetativa e morre rapidamente no ambiente externo. Não existe uma forma cística.

A forma vegetativa ou trofozoíta

Esta forma é móvel, amendoada, arredondada ou ovalada, incolor, refractiva quando fresca ao microscópio, e mede 10 a 15µm de comprimento por 7-10µm de largura. Apresenta um axóstilo que atravessa a célula e se projecta atrás dela, um núcleo oval na parte anterior do corpo, um corpo parabasal em forma de fita curvado sobre o núcleo e um cinetoplasto, do qual emergem quatro flagelos anteriores livres e um flagelo recorrente que se ligam ao corpo do parasita formando uma membrana ondulada com cerca de metade do comprimento da célula. Próximo ao núcleo ovular há um elemento em forma de faixa, o corpo parabasal (Fig.12).

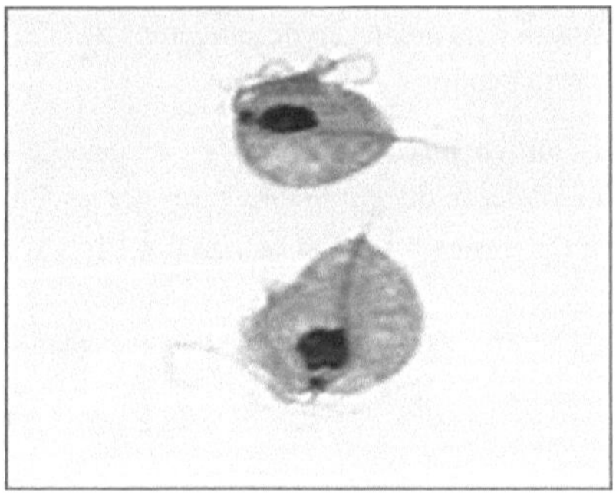

Figura 12: forma vegetativa de Trichomonas vaginalis

3. Habitat

- Nas mulheres, após a puberdade e quando a acidez vaginal diminui, encontra-se frequentemente como parasita da cavidade vaginal e da uretra, mas também da bexiga e das glândulas de Skene e Bartholin, que são, portanto, pontos de referência não tratáveis e uma possível fonte de recorrência.
- Nos homens, encontra-se na uretra, na prega balanoprepucial, na próstata e nas vesículas seminais.

4. Biologia

Altamente sensível à dessecação, pode sobreviver durante 1 a 2 horas numa superfície húmida e até 24 horas na urina ou no sémen a 20°C. As condições óptimas de crescimento são uma temperatura de 35-37°C, um pH de 5,5-6 e anaerobiose. Movimentando-se ativamente, alimenta-se por osmose e multiplica-se por divisão longitudinal na superfície da mucosa urogenital do homem e da mulher.

5. Patogénese

Apesar da existência de muitos portadores saudáveis (50% dos casos são assintomáticos), especialmente nos homens, a Trichomonas vaginalis tem um papel patogénico claro em ambos os sexos: é responsável por 30% das uretrites não gonocócicas. Trata-se de uma doença sexualmente transmissível, cujo risco de transmissão depende da idade e da atividade sexual.

B. Hospedeiro definitivo/reservatório de parasitas

O ser humano é o único hospedeiro e reservatório do parasita.

C. Modo de contaminação

A contaminação é apenas por contacto sexual direto. Alguns autores admitem a contaminação extra-sexual através da partilha de produtos de higiene pessoal (mãe-filha). No entanto, este tipo de contaminação é excecional, uma vez que o Trichomonas vaginalis não vive mais de meia hora num pedaço de papel higiénico.

Ciclo evolutivo

A fragilidade da forma vegetativa do parasita e a incapacidade de encistamento fazem com que a transmissão seja apenas direta e venérea. O ciclo é de hospedeiro único (Fig.13), passando de um
o indivíduo infetado diretamente para um indivíduo saudável e diretamente patogénico. A multiplicação ocorre por cissiparidade (divisão binária longitudinal); não há multiplicação sexual.

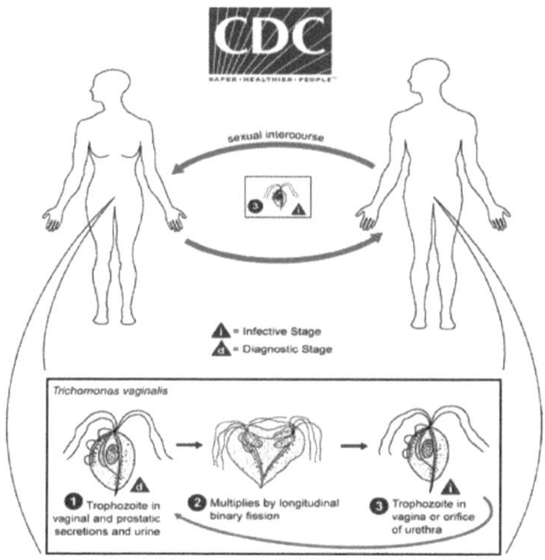

Figura 13: Ciclo evolutivo de Trichomonas vaginalis.

Factores contributivos

- Os distúrbios hormonais causados pela contraceção oral, a menopausa e a gravidez conduzem a um desequilíbrio hormonal.
- A alcalinidade do pH das secreções vaginais (o pH normal da vagina situa-se entre 3,8 e 4,5).
- Flora associada: estafilococos, estreptococos, lactobacilos.
- Humidade.

Sinais clínicos

- Os homens são geralmente portadores saudáveis, assintomáticos ou apenas ligeiramente sintomáticos.
A taxa de transmissão nas relações sexuais é de 80%.

- Na mulher, uma leucorreia contínua, fétida, espumosa, aerada, amarelo-esverdeada (por vezes esbranquiçada) associada a prurido vulvar com sensação de ardor, dispareunia e, por vezes, cistite (disúria, polaquiúria, ardor urinário) são os principais sinais que levam frequentemente a mulher a procurar assistência médica. Ao exame, a vulva é vermelho vivo com um exsudado doloroso quando se introduz o espéculo. A mucosa vaginal é vermelho-escarlate com uma coloração hemorrágica mais escura.

- Nos homens, raramente pode ocorrer um corrimento genital, gota matinal, cistite ou hemoespermia. A ausência de sinais nos homens favorece a propagação de Trichomonas vaginalis.

Diagnóstico biológico

1. Débito direto

- **Nas mulheres**: As secreções vaginais são colhidas após a inserção de um espéculo no fundo de saco posterior, antes de qualquer higiene íntima ou tratamento. A paciente deve evitar relações sexuais durante 24 a 48 horas antes da colheita, que deve ser efectuada ao nível do fundo de saco vaginal e da glândula de Bartholin, utilizando uma pipeta de Pasteur ou uma zaragatoa estéril embebida em soro fisiológico.
- **Nos homens**: A amostra é colhida antes de qualquer micção matinal. O soro da primeira manhã é colhido no meato e a urina no primeiro jato. Massajar a próstata aumenta a sensibilidade da amostra. Se a amostra for colhida fora do laboratório, deve ser utilizada uma zaragatoa com um meio de transporte (meio Stuart), que permite conservar os parasitas durante 24 horas à temperatura ambiente.

O Trichomonas vaginalis também pode ser testado no pellet de centrifugação de urina recém-passada.

2. Exame direto

O exsudado de urina ou o pellet de centrifugação é examinado entre lâmina e lâmina para procurar formas móveis de T. vaginalis num microscópio de luz com uma objetiva X10 ou X40. O exame direto deve ser efectuado o mais rapidamente possível, evitando o arrefecimento das formas vegetativas de T. vaginalis, em gotas de água fisiológica a 37°C. Este exame pode ser efectuado após a coloração de um esfregaço seco e depois corado com May Grunwald Giemsa (MGG).

Diagnóstico imunológico

Os antigénios de T. vaginalis presentes em todos os isolados podem ser detectados por anticorpos monoclonais marcados com peroxidase ou fluorocromo. A deteção pode ser efectuada através de vários métodos, incluindo hemaglutinação, imunofluorescência e ensaio de imunoabsorção enzimática (Elisa).

D. Diagnóstico molecular

Os métodos de PCR podem detetar sequências-alvo com sondas de oligonucleótidos disponíveis no mercado com uma sensibilidade de 95% e uma especificidade de 98%.

Profilaxia

□ Respeitar a higiene , nomeadamente a utilização estritamente pessoal de produtos de higiene íntima.
□ Tratamento do(s) parceiro(s) e precauções habituais em matéria de venereologia;

- Reino: Protista
- Filo de Sarcomastigophora (Rhizoflagelados)
- **Subfilo Sarcodina** (Rhizopoda)
- Superclasse Rhizopoda
- Ordem Amoebida
- Família Entamoebidae

Existem 8 espécies de amebas que parasitam o cólon humano e pertencem a 4 géneros diferentes, cinco dos quais pertencem ao género Entamoeba: Entamoeba coli Entamoeba hartmani Entamoeba polecki Entamoeba dispar Entamoeba histolytica Outras espécies incluem:
Endolimax nanus Pseudolimax butschlii. Dientamoeba fragilis
Uma espécie é encontrada na boca: Entamoeba gingivalis Destas espécies, apenas **a E. histolytica** é patogénica para os seres humanos **Morfologia das amebas parasitas nos seres humanos**
As amebas são organismos microscópicos, unicelulares, de forma irregular, que se deslocam com o auxílio de pseudópodes (Rhizopodes). São constituídas por uma única célula, com um citoplasma que por vezes se divide em ectoplasma e endoplasma. A identificação das diferentes espécies baseia-se no aspeto microscópico do núcleo, que é arredondado e contém um corpúsculo de cromatina de tamanho variável, denominado cariossoma.

-No género Entamoeba: o cariossoma é pequeno, punctiforme e a cromatina é periférica, ligada à membrana nuclear chamada croutelle de cromatina.

-Noutros géneros, o cariossoma é o único componente do núcleo, e é um grande cariossoma central ou excêntrico. As amebas são encontradas em duas formas:

- Forma vegetativa.
- Forma cística.

- **Entamoeba histolytica (ameba disentérica), agente da amebíase**

A amebíase é uma parasitose causada pela Entamoeba histolytica, localizada principalmente no intestino e que pode migrar secundariamente para outros órgãos (fígado, pulmão, cérebro, etc.). A OMS define a amebíase como um estado patológico em que o organismo alberga a Entamoeba histolytica, com ou sem manifestações clínicas.

A Entamoeba histolytica pode apresentar-se em 3 formas morfológicas diferentes: 02 formas vegetativas ou trofozoítos e uma forma cística.

- **Forma dos trofozoítos:** forma vegetativa e de células de multiplicação (Fig. 14a).

a/ Forma de trofozoíto "aspeto minuta": 10 a 15 μm, núcleo periférico de 3 a 4 μm com um pequeno cariossoma central e cromatina periférica em forma de borda ou pontilhada. Quando frescos, os movimentos são rápidos e os pseudópodes são longos; a temperatura óptima é inferior a 37°C. Trata-se da forma saprófita, não hematófaga e não patogénica, uma vez que se alimenta de bactérias e de resíduos alimentares. Vive no lúmen do cólon ou na superfície da mucosa do cólon.

b/ Forma trofozoítica "aspeto histolítico": aspeto geral idêntico ao da forma minuta, mas de tamanho superior ao da forma minuta (20-30 µm a 40 µm) com a presença de caraterísticas adicionais; contém no seu citoplasma glóbulos vermelhos em processo de digestão, é a forma hematófaga e patogénica que se alimenta de glóbulos vermelhos. Vive na mucosa do cólon e pode invadir outros órgãos. Tolera bem os 37°C. Estas duas formas de trofozoítos multiplicam-se por divisão binária.

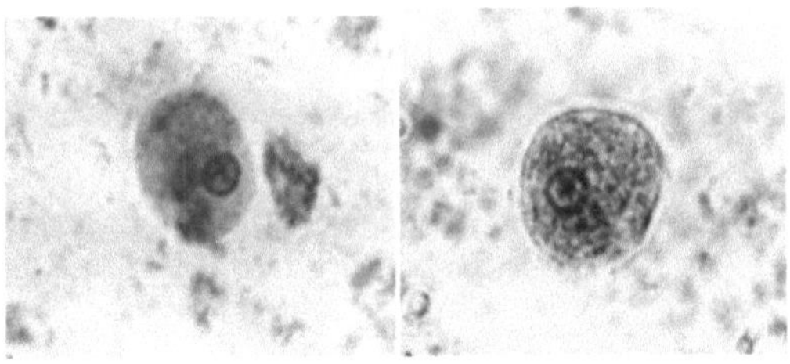

Figura 14a: Entamoeba histolytica "forma vegetativa

Figura 14b: Entamoeba histolytica "forma vegetativa

A forma cística: é a forma de disseminação passiva da doença e de resistência no meio externo (Fig. 14b). É esférico, com 10 µm a 15 µm de diâmetro e rodeado por uma casca rígida. Os quistos imaturos contêm um vacúolo, 1 ou 2 núcleos e são maiores. Quando maduros, contêm 4 núcleos e, por vezes, bastonetes de ponta redonda denominados corpos siderófilos ou cristalóides. São eliminados nas fezes dos doentes e dos portadores sãos e são muito resistentes no meio externo. No meio exterior, estes quistos têm um tempo de sobrevivência variável em função da humidade e da temperatura: cerca de dez dias em ar húmido a 18°C, 3 meses em água a 4°C. O calor (50°C) e a dessecação matam-nos, mas são resistentes a baixas concentrações de lixívia.

Ciclo evolutivo

a) Ciclo não patogénico.

A ingestão de cistos maduros com 4 núcleos é seguida pela descristalização no trato gastrointestinal (Fig.15). Os núcleos dividem-se uma vez, dando origem a oito amebas do tipo mina que se multiplicam por divisão binária em contacto com a mucosa do cólon e são eliminadas para o ambiente externo sob a forma de quistos fecais.

b) Ciclo patogénico acidental (Passagem à patogenicidade e doença amebiana): Nas condições adequadas (factores do hospedeiro + factores do parasita= potencial patogénico das estirpes), as formas trofozoítas minuta transformam-se em histolíticas. Estas crescem, corroem a parede intestinal e tornam-se hematófagas (Fig.15). Têm um poder lítico significativo sobre os tecidos e progridem de pessoa para pessoa, criando úlceras extensas na parede intestinal (abcessos em forma de rabo de camisa). Não se formam quistos durante esta fase, pelo que não existe um papel epidemiológico direto.

- O parasita regressa à forma minuta após 3 semanas ==> **fim da crise amebiana.**

- Possibilidade de metástases sanguíneas e/ou linfáticas a partir de um abcesso do cólon, levando a localizações extra-colónicas e à formação de abcessos amebianos noutros órgãos: fígado (forma mais frequente), pulmões, mais raramente cérebro.

Nos casos extra-colónicos, não há retorno à forma minuta.

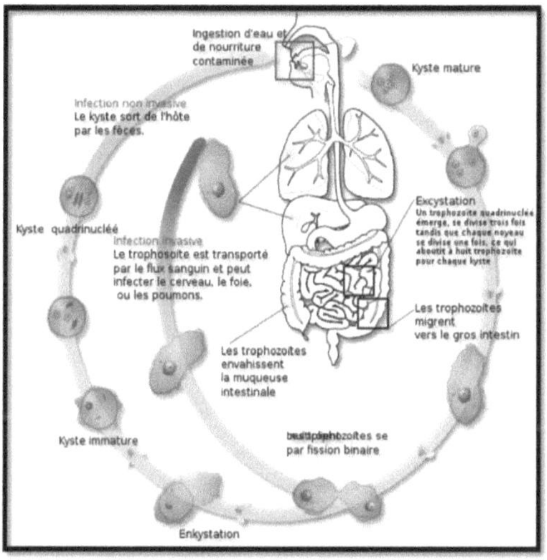

Figura 15: Ciclo da Entamoeba histolytica

■ Epidemiologia

A amebíase **é uma** doença **cosmopolita**. A sua prevalência é elevada nos meios tropicais, devido à falta de higiene fecal. Nos países temperados, encontra-se entre os imigrantes e os turistas que passaram algum tempo em países altamente endémicos, bem como entre os residentes de instituições para doentes mentais e homossexuais, tanto seronegativos como seropositivos.

■ Modo de contaminação

O modo habitual de contaminação é a contaminação indireta através de alimentos legumes crus) ou bebidas que tenham sofrido contaminação fecal. Os cistos, resistentes no meio externo, são então as formas infestantes. Outro modo de contaminação possível é o contacto direto, no caso de concentrações humanas: prisões, asilos, internatos, acampamentos, etc.

■ Fisiopatologia

a) Fisiopatologia da amebíase intestinal aguda

Os seres humanos são infectados através da ingestão de quistos, que se transformam em trofozoítos no trato digestivo. Estes trofozoítos de Entamoeba histolytica aderem à parede do cólon através de lectinas. As células humanas afectadas são mortas e destruídas em minutos pela formação de poros na sua membrana. A produção de enzimas proteolíticas (cisteína proteinases) pelas amebas favorece a sua difusão na mucosa e submucosa do cólon, provocando um espessamento edematoso, a formação de ulcerações múltiplas, zonas de necrose e, por vezes, perfuração intestinal.

O exame endoscópico do cólon revela sugestivas "ulcerações à dentada" e "abcessos em botões de camisa". A continuação da infeção e a possível propagação dependem em parte da resposta imunitária local do hospedeiro.

b) Fisiopatologia da amebíase hepática e tecidular

Após a invasão da parede do cólon, as amebas podem causar uma rutura da microvascularização e espalhar-se por via hematogénea para o sistema portal. Em seguida, as amebas aderem às paredes dos capilares hepáticos e destroem o parênquima hepático por centrifugação, dando origem a um abcesso amebiano do fígado. A localização hepática é sempre secundária à contaminação do cólon, mas pode aparecer à distância do episódio. disentérica.

■ **Clínica**

a) Amoebíase-infestação

Presença de ameba "minuta" no cólon e de quistos nas fezes, **sem manifestações patológicas (porte saudável).**

b) Doença amebíase

b-1) Amebíase intestinal aguda

Manifesta-se principalmente sob a forma de disenteria amebiana (evacuação frequente de fezes não fecais):

- Dores abdominais graves.
- Expetoração mucosa com sangue: Cinco a seis "evacuações" / dia
- O tenesmo é uma contratura dolorosa do esfíncter anal acompanhada de uma vontade de defecar.
- O estado geral está bem conservado e a apirexia é a regra.

- Se a síndrome disentérica persistir: astenia, perda de peso, tez acinzentada ("tez de batata") e pode ser complicada por hemorragia intestinal com risco de peritonite devido à ação necrosante da ameba.
- O ameboma é um pseudotumor parasitário inflamatório que ocorre preferencialmente no ceco e se manifesta clinicamente como uma síndrome de suboclusão intestinal.

b-2) Amebíase tecidual (Extra intestinal)

- **Amebíase hepática:** abcesso amebiano do fígado, a forma mais comum. Resulta da localização hepática da forma "histolytica", que migra dos abcessos da mucosa do cólon para o fígado. No foco, ocorre trombose parasitária, seguida de hepato-necrose; os focos aumentam, coalescem e formam um abcesso amebiano caracterizado clinicamente por (tríade de Fonton):
- dor no hipocôndrio direito
- Febre
- Hepatomegalia, que pode ser acompanhada de um estado subitérico.
- O abcesso (na punção) contém pus estéril cor de chocolate.
- O exame parasitológico das fezes é frequentemente negativo nesta fase, na ausência de síndrome disentérica.
- **Amebíase pulmonar**

O pulmão é o órgão mais frequentemente invadido depois do fígado. Podem observar-se as seguintes situações:

- Derrame pleural ou pleurisia amebiana purulenta.
- Um abcesso pulmonar, geralmente no lobo inferior direito.
- Fístula broncoalveolar.

São possíveis **outras localizações**: cérebro, baço, etc.

Diagnóstico biológico

1- Diagnóstico presuntivo

Contexto epidemiológico: permanência na zona endémica: países quentes e húmidos (factores favoráveis: humidade, temperatura, condições sócio-ecológicas)

2- Diagnóstico clínico: Imagiologia

3- Sinais biológicos inespecíficos: hiperleucocitose, aumento da VHS, aumento das transaminases, por vezes iterícia com obstrução.

hipereosinofilia sanguínea

-Retoscopia: dolorosa mas essencial, observa-se uma mucosa inflamatória.

4- Diagnóstico parasitológico direto :

- **Amebíase intestinal aguda**

Pesquisa de formas vegetativas ou quistos: amostras colhidas com 3 ou 4 dias de intervalo. Fezes afectivas, mucosas e sanguinolentas. Idealmente, o doente deve fazer uma dieta pobre em resíduos (peixe, carne branca, ovos, massa e arroz) 3 dias antes da colheita de fezes).

- **Amebíase hepática e pulmonar :**
- Biópsia: o pus do chocolate é examinado.
- Testes ácidos (ELISA, hemaglutinação, IFI) O diagnóstico imunológico indireto só é utilizado em formas profundas.
- Pesquisa de formas vegetativas: suspensões de fezes: o sem coloração: forma histolytica visível o com coloração MIF (mertiolato-iodo-formol): diferenciação dos tipos de amebas, visualização dos núcleos Concentração de fezes (técnica de BAILANGER; técnica de RITCHIE modificada)

Diagnóstico diferencial: com Entamoeba coli ou E. dispar
- Cultura: Meio NNN (Novy--Mc Neal--Nicole)
- Coprocultura em meio de ágar de duas fases + amido: Meio Dobell e Laidlaw

Diagnóstico imunológico: Pesquisar Ac: Para formas de tecido devido à presença de Ac ao contrário das formas colónicas em que a resposta imunitária é mínima. Utilização de 2 técnicas seguidas de um teste de confirmação:

--IFI --Imunoeletroforese, electrossíntese -- hemaglutinação indireta --aglutinação em partículas de látex sensibilizadas: BICHROLATEX --ELISA Pesquisa de copro--Ag: possível por ELISA e IFI formas colónicas

■ **Profilaxia: Combater o perigo fecal**

▶ **Coletivo**

Tratamento de águas residuais,

Proibir a disseminação de matérias fecais Proteger as culturas de hortas comerciais

Desinfeção das fezes dos doentes

Detetar e tratar portadores saudáveis, tratar doentes amebianos crónicos

▶ **Individual**

Lavagem de frutas e legumes.

Evitar alimentos que irritem o intestino.

Lavar as mãos. Ferver a água

■ Filo dos Apicomplexa (esporozoários)

■ Classe Sporozoea

■ Subclasse Coccidia

Os Apicomplexa (esporozoários) são protozoários caracterizados pela presença de um complexo apical constituído por um citoesqueleto e 3 tipos de organelos: miconemas, rhopties e grânulos densos.

- **Os micronemas** são pequenos organelos em forma de bastonete localizados na metade anterior dos taquizoítos e delimitados por uma membrana. Existem cerca de cinquenta e desempenham o mesmo papel que os rhoptries.
- **Os rhoptries**, que são cerca de dez ou vinte, são em forma de clube, com 1 a 4 µm de comprimento, e estão localizados no terço anterior do parasita. As suas extremidades anteriores agrupam-se em dois ductos para formar uma vesícula apical. Têm uma função secretora, uma enzima proteolítica que desempenha um papel no mecanismo de penetração celular [53].
- **Os grânulos densos** são organelos citoplasmáticos com 200 µm de diâmetro, localizados em ambos os lados do núcleo.

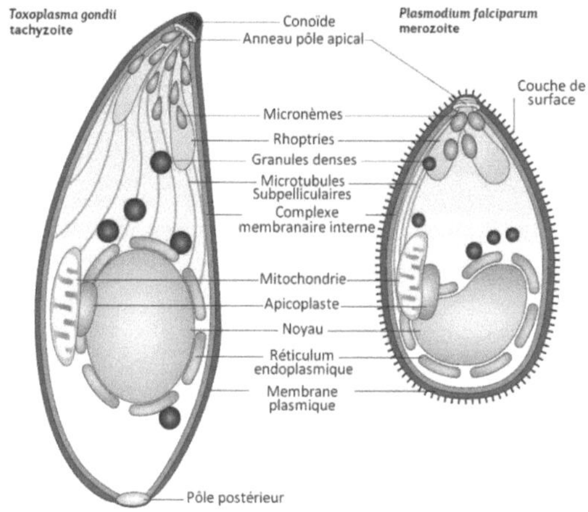

Figura 16: Estrutura do complexo apical de Apicomplexa (Sporozorya)

- Filo dos Apicomplexa (esporozoários)
- Classe Sporozoea
- Subclasse Coccidia
- Sub-ordem Eimeriina
- Família Sarcocystidae
- Género Toxoplasma
- Espécies : T. gondii

Toxoplasma gondii, o agente da toxoplasmose

A toxoplasmose é uma zoonose cosmopolita muito comum, causada pelo protozoário Toxoplasma gondii, de multiplicação intracelular obrigatória. É geralmente assintomática, embora em indivíduos imunodeprimidos e fetos infectados durante o primeiro trimestre de gravidez, a doença possa ser grave. O Toxoplasma gondii é um coccídio heteroxeno facultativo (ciclo monoxeno ou heteroxeno), com desenvolvimento intracelular obrigatório. Passa por três fases infecciosas durante o seu ciclo de vida:

• **Taquizoítos**: anteriormente designados por "trofozoítos" e derivados da palavra grega "tracus", que indica a rapidez da divisão celular numa célula hospedeira intermédia. É a forma vegetativa assexuada de multiplicação rápida e é a única forma que pode atravessar a barreira placentária. Morfologicamente, o taquizoíto tem a forma de um crescente com 6 a 8 microns de comprimento e 3 a 4 microns de largura (Fig.17). Multiplicam-se no sangue, nos fluidos biológicos e nos tecidos, são frágeis e destroem a acidez gástrica, pelo que não são infecciosos por via oral, mas são infecciosos por via sanguínea para o feto na toxoplasmose congénita. Estão presentes apenas durante a fase aguda da infeção.

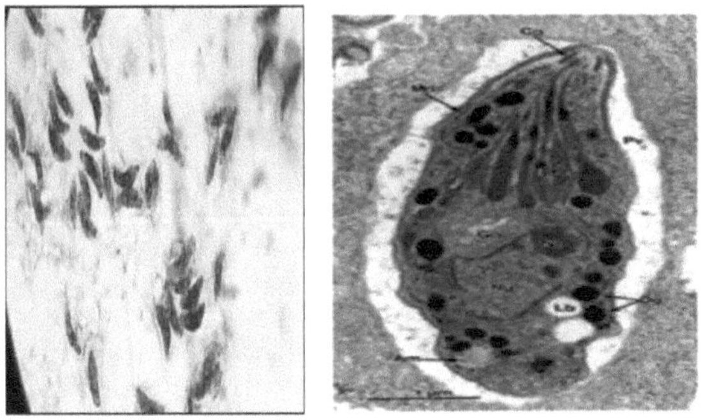

Figura 17: "Esquerda" Taquizoítos vistos ao microscópio eletrónico. "Direita": Ultra-estrutura de um taquizoíto de Toxoplasma gondii; Co: conoide; Mn: micronema; PV: vacúolo parasitóforo; Rh: rhoptrie; Go: Golgi; No: nucléolo; Nu: núcleo; Lb: corpo lipídico; Dg: grânulos densos; Am: amilopectina.

• **Bradizoítos:** É a forma de resistência tecidual resultante da transformação dos taquizoítos por várias multiplicações assexuadas. O termo bradizoíto vem da palavra grega
A palavra "bradus" significa a lentidão da sua divisão em quistos na célula hospedeira. Morfologicamente, têm uma forma esférica ou ovoide, medindo entre 50 e 50 mm de diâmetro. 200 µm, contêm milhares de bradizoítos que se encontram principalmente em neurónios, astrócitos, células musculares e células da retina (Fig. 18). Estes quistos podem sobreviver durante vários dias à temperatura ambiente e vários meses a 4°C. São destruídos pelo calor (um quarto de hora a 56°C) ou pela congelação (24 horas a -20°C). Este é um dos métodos de contaminação dos seres humanos por via oral através da ingestão de carne parasitada.

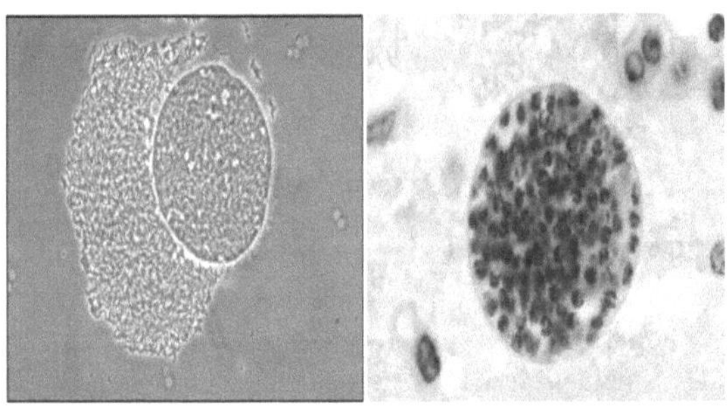

Figura18: "direita" Cisto tecidual de T. gondii no cérebro de um rato. "esquerda": Rutura da parede do quisto e libertação de centenas de bradizoítos sob a ação de sucos digestivos.

• **Esporozoítos:** É a forma de resistência no meio externo. Encontram-se em oócitos esporulados (Fig. 19). Oocistos estruturas ovóides de 9 a 11 µm de comprimento e 11 a 14 µm de largura, resultantes da reprodução sexuada nas células intestinais do hospedeiro definitivo: o gato. São constituídos por 2 esporocistos contendo 4 esporozoítos cada (um esporozoíto assemelha-se a um taquizoíto). Esta é a forma de resistência do parasita no meio externo. Os oócitos podem sobreviver mais de um ano em solo húmido e são a principal forma de contaminação dos herbívoros e do homem através da ingestão de alimentos contaminados com fezes de gato.

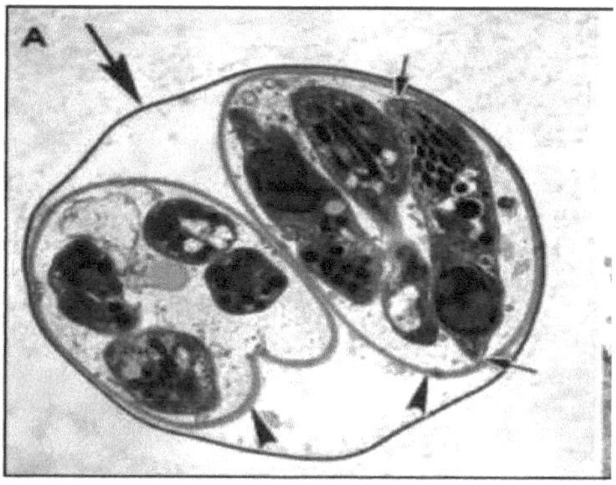

Figura 19: Oocisto esporulado de Toxoplasma observado por microscopia eletrónica (Dubey, 1998). (A) Oocisto esporulado protegido pela parede (seta grande) contendo dois esporocistos (pontas de seta), cada um contendo quatro esporozoítos (setas pequenas).

Epidemiologia da Toxoplasmose: A toxoplasmose é uma zoonose cosmopolita com uma distribuição mundial. A sua prevalência está ligada a vários factores [102,104]: diferenças climáticas, nível de higiene, hábitos alimentares e dieta, qualidade da água potável, idade e presença de felídeos.

Principais fontes de contaminação humana :

- ingestão de oocistos através de paredes telúricas (água, alimentos, mãos) 2% dos gatos são semeadores de oocistos, durante 1 a 3 semanas (especialmente gatos jovens) condições de esporulação: 1 a 5 dias a 20°C na presença de oxigénio; os oocistos sobrevivem durante vários meses no solo e são também resistentes ao HCl. São mortos pelo calor, dessecação e congelação.

- ingestão de quistos vivos em carne crua ou mal cozinhada (Fig.20); sobrevivência dos quistos: vários dias à temperatura ambiente, vários meses a 4°C, destruídos por : 15 mm a 56°C, 24 horas a - 20°C

- Passagem transplacentária
- Transmissão por transplante de órgãos, transfusão

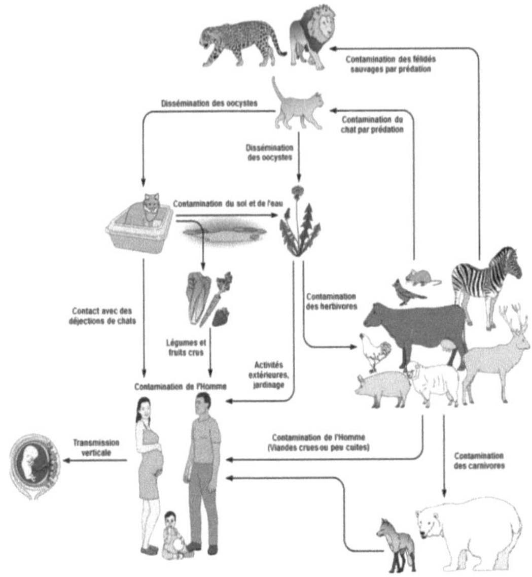

Figura 20: Fontes de contaminação por Toxoplasma gondii

Ciclo evolutivo do Toxoplasma gondii

Existem dois ciclos (Fig. 21): um ciclo sexual, que ocorre apenas nos felídeos, e um ciclo assexuado, que tem como hospedeiros intermédios o homem ou animais herbívoros como os bovinos (ovinos e bovinos) ou omnívoros (suínos, ratos, etc.).

• O ciclo é dez vezes maior quando o hospedeiro definitivo e os hospedeiros intermediários estão envolvidos.

• O ciclo é monoxénico se o toxoplasma for transmitido de hospedeiro intermediário para hospedeiro intermediário sem infestar o hospedeiro definitivo. O ciclo ocorre então sem reprodução sexual. [80]

• **Anfitrião definitivo (HD):** felídeos
- Localização: trato digestivo=> reprodução assexuada e depois sexual=> oocistos no ambiente externo: maturação de oocistos contendo 2 x 4 esporozoítos infestantes
- Os oocistos maduros podem ser ingeridos pela DH (ciclo direto curto) ou por hospedeiros intermediários (ciclo indireto).

• **Hospedeiro intermediário (IH):** animal de sangue quente (mamífero ou ave)
- Ingestão de oocistos maduros contendo esporozoítos=> taquizoítos macrófagos, fase sanguínea de disseminação ou septicemia
- Resposta imunitária: o parasita está confinado a órgãos com uma resposta imunitária baixa (olhos, cérebro, músculos) => bradizoítos encistados à espera de se desenvolverem
- Ingestão de quistos contendo bradizoítos=> toxoplasmose.

a. Ciclo assexual no hospedeiro intermediário :

A contaminação humana é essencialmente alimentar, quer através da ingestão de oocistos contidos na água ou nos alimentos contaminados por fezes de gato, quer através da ingestão de carne mal cozinhada contendo cistos (carneiro, vaca, porco, cavalo ou mesmo aves de capoeira). A toxoplasmose congénita é causada por contaminação transplacentária. O ciclo assexuado no hospedeiro intermediário ocorre em duas fases:

a.1. A fase aguda: No trato digestivo humano, sob a ação dos sucos digestivos, o oocisto ou quisto libertará esporozoítos ou bradizoítos, respetivamente, que se espalharão pelo corpo através dos sistemas sanguíneo e linfático e se transformarão em taquizoítos.

Estas invadem as células do sistema reticuloendotelial e multiplicam-se, levando à sua lise e provocando lesões necróticas nos tecidos parasitados. Este episódio é perigoso para as mulheres grávidas porque expõe o feto à passagem transplacentária do parasita na ausência de imunidade protetora durante esta fase aguda. Durante esta fase, os macrófagos estão cheios de taquizoítos que se multiplicaram por bipartição nos vacúolos parasitóforos, formando pseudocistos, assim chamados porque a célula hospedeira vai rebentar de novo e libertar taquizoítos que vão invadir outras células. O núcleo da célula hospedeira é empurrado para a periferia.

a.2. A fase crónica ou latente: Uma vez estabelecida a imunidade efectiva, os parasitas, uma vez dentro das células, diminuem a sua multiplicação e metabolismo, transformando-se em bradizoítos. A célula parasitada fica encistada, desta vez formando um verdadeiro quisto com degeneração do núcleo da célula hospedeira. Este fenómeno verifica-se sobretudo em órgãos com baixos níveis de anticorpos (cérebro, músculo estriado e olho).

b. Ciclo no hospedeiro definitivo :

O hospedeiro definitivo é representado pelos felídeos domésticos (gatos) e pelos felídeos selvagens (leopardos, tigres, linces, etc.). O hospedeiro definitivo é o hospedeiro do ciclo completo, ou seja, um ciclo assexual e um ciclo sexual. São infectados por quistos contidos nas suas presas ou mesmo por oocistos contidos na água ou nos alimentos. As formas vegetativas libertadas no intestino delgado do gato penetram na célula enteroepitelial onde se multiplicam, formando um esquizonte. Esta multiplicação assexuada é designada por fase esquizogónica, que dura cerca de 48 horas e se repete várias vezes. Após algumas esquizogonias, o esquizoíto penetra no enterócito e, em vez de produzir um esquizonte, transforma-se num elemento potencialmente sexual, resultando na formação de um microgametócito masculino ou de um macrogametócito feminino. Esta fase é designada por fase gamogónica e constitui o ciclo sexual. O microgametócito masculino penetrará no macrogametócito feminino e a fusão destas duas células sexuais resulta na formação de um oocisto não formador de esporos que é eliminado com as fezes para o ambiente. A esporulação ocorre na presença de oxigénio a uma temperatura inferior a 37ºC. O oocisto esporulado contém 2 esporocistos, cada um contendo 4 esporozoítos. Esta fase é conhecida como a fase esporogónica.

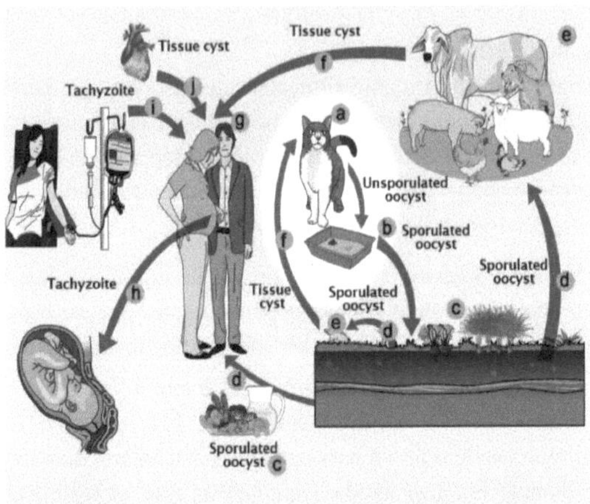

Figura 21: Ciclo evolutivo do Toxoplasma gondii

Clínica

Existem três formas clínicas:

1. Toxoplasmose adquirida em indivíduos imunocompetentes
2. Toxoplasmose em doentes imunocomprometidos.
3. Toxoplasmose congénita

1. Toxoplasmose adquirida em indivíduos imunocompetentes

- Forma latente (infeção primária assintomática): 80%.
- Forma patenteada : Febre geralmente moderada a 38°C; Astenia
Poliadenopatia: pequenos gânglios linfáticos sem periadenite, os gânglios linfáticos cervicais e occipitais persistem durante várias semanas

Por vezes, uma erupção maculopapular. Esplenomegalia moderada excecional
- Evolução: frequentemente benigna.
As formas graves são excepcionais

2. Toxoplasmose em doentes imunocomprometidos

Correspondem mais frequentemente à reativação de quistos latentes com libertação de trofozoítos (taquizoítos): Doentes com VIH+++ ou outros

2.2 Toxoplasmose cerebral :

- A infeção oportunista mais comum do SNC.
- Permite que o doente seja classificado como tendo SIDA.
- Ocorre tardiamente (CD4<100/mm3).
- Qualquer anomalia neurológica central num doente seropositivo: dor de cabeça, desorientação, convulsão.
- RMN cerebral: imagem de abcessos únicos ou múltiplos com o aspeto típico de cocarde.

- Evolução favorável com o tratamento.

2.3 Toxoplasmose extra-cerebral: retiniana (2ª localização), pulmonar, etc.

2.4 Toxoplasmose generalizada (doentes transplantados)

Corresponde a uma infeção primária, mais frequentemente secundária à transmissão através do enxerto durante o transplante de um órgão sólido de um dador positivo para toxoplasmose para um recetor negativo antes do transplante. Ocorre algumas semanas após o transplante e o tratamento imunossupressor, numa forma disseminada com envolvimento polivisceral grave.

3. **Toxoplasmose congénita** :

Relacionado com a passagem transplacentária de taquizoítos para o feto durante uma infeção primária materna. O risco de transmissão é de 17% no 1º trimestre, 50% no 2º trimestre e 65% no 3º trimestre. % no 3º trimestre. Em contrapartida, a gravidade diminui à medida que a idade da gravidez aumenta:

- Morte in utero: encefalomielite (convulsões, hipertonia, macrocefalia), calcificações cerebrais, microftalmia...),

- Forma visceral (anasarca, HSPM, púrpura, miocardite, etc.)
- Formas tardias: atraso psicomotor, coriorretinite pigmentar.

Formas latentes: tradução serológica

Diagnóstico da toxoplasmose

A toxoplasmose é diagnosticada em mulheres cuja imunidade deve ser avaliada antes ou durante a gravidez e em recém-nascidos com suspeita de toxoplasmose congénita. É também solicitada em doentes imunocomprometidos, em particular nos doentes com VIH e nos doentes transplantados. O diagnóstico pode ser efectuado através de vários métodos biológicos, serológicos, histológicos ou moleculares.

1. Diagnóstico biológico

O diagnóstico biológico da toxoplasmose é efectuado através da serologia ou da deteção do parasita ou do ADN do parasita.

- O teste do parasita por inoculação em ratinhos e o teste do ADN do parasita por PCR são recomendados para o diagnóstico de infecções congénitas e toxoplasmose grave em doentes imunocomprometidos. Estes testes podem ser efectuados no sangue, medula óssea, LCR ou placenta.
- O diagnóstico serológico é o elemento essencial no diagnóstico da infeção primária em doentes imunocompetentes e mulheres grávidas.
- A serologia tem pouco valor em doentes imunocomprometidos, mas pode ser utilizada para identificar doentes em risco de reativação (serologia positiva).

Profilaxia

O objetivo da prevenção é evitar a contaminação das mulheres grávidas seronegativas e dos doentes imunocomprometidos (nomeadamente devido à reativação endógena dos quistos), que constituem a população-alvo. Por conseguinte, é necessário efetuar um rastreio serológico. Nas mulheres grávidas, o rastreio serológico permite o tratamento imediato da toxoplasmose adquirida na gravidez.

Filo Apicomplexa Classe Sporozoea Subclasse Coccidia
Subordem Haemosporina Género Plasmodium
Espécies: P. falciparum; P vivax; P. malariae; P. ovale.
A malária é uma parasitose causada por hematozoários do género Plasmodium, transmitida por mosquitos do género Anopheles. A sua distribuição segue a faixa equatorial e está intimamente ligada à distribuição do seu vetor. Até à data, cinco espécies de Plasmodium são conhecidas pela malária nos seres humanos. São elas o Plasmodium falciparum, o Plasmodium vivax, o Plasmodium ovale, o Plasmodium malariae e o Plasmodium knowlesi.

Ciclo do parasita

O Plasmodium é um protozoário do filo Apicomplexa. O seu ciclo de desenvolvimento é conhecido como tenene, e requer dois hospedeiros. Existe, portanto, uma diferença entre a fase assexuada (em HI) e a fase sexual (HV). A fase assexuada: tem lugar no ser humano. É o hospedeiro intermediário do ciclo, servindo de reservatório para o parasita. Desenvolve-se em várias fases. Fase primária: Clinicamente assintomática. Durante uma refeição de sangue, o mosquito infetado injeta esporozoítos que atingem rapidamente os hepatócitos humanos. O parasita desenvolve-se aí durante 5 a 8 dias, atingindo o estádio de esquizonte. Quando estes esquizontes dos hepatócitos se rompem, libertam merozoítos que entram na corrente sanguínea. No P. vivax e no P. ovale, alguns parasitas podem permanecer no fígado numa forma dormente, também conhecida como hipnozoítos, durante semanas, meses ou anos. Fase secundária: marca o início da fase clinicamente sintomática. No P. falciparum, os merozoítos libertados infectam os eritrócitos. Os parasitas desenvolvem-se aí numa média de 48 horas, passando pelas fases de anel (0-24 horas), trofozoíto (24-36 horas) e esquizonte (36-48 horas), até à libertação de novos merozoítos. Observa-se um aumento rápido da parasitémia por ciclo, da ordem de 6 a 20 vezes a parasitémia anterior. Simultaneamente, surgem os primeiros sinais clínicos, incluindo febre sincronizada com o rebentamento dos esquizontes (15). A reprodução deste ciclo mantém a infeção (Fig.22). Por vezes, certos merozoítos, ao infectarem um novo eritrócito, tomam uma via de diferenciação diferente que conduz à produção de um gametócito masculino ou feminino (9 a 11 dias para o P. falciparum). Os gametócitos não são capazes de fertilizar nos seres humanos. Precisam do anopheles para produzir a reprodução sexual através da fertilização dos gametócitos masculinos e femininos no trato digestivo do anopheles.

A fase sexual: ocorre na fêmea do Anopheles, que é o hospedeiro definitivo. Durante uma nova refeição de sangue, a fêmea do Anopheles recolhe estes gametócitos. A fecundação leva à produção de um oocisto que, depois de amadurecer e rebentar, produz cerca de 20 000 esporozoítos. Estes esporozoítos colonizam as glândulas salivares do mosquito e podem ser transmitidos aos seres humanos numa futura refeição de sangue.

Clínica

Os sinais clínicos da malária variam em termos de expressão e gravidade. Classicamente, dividem-se em ataques de malária não complicados e ataques de malária complicados ou graves. Outras formas clínicas incluem a malária visceral progressiva, a nefrite quartanária e a febre biliosa hemoglobinúrica.

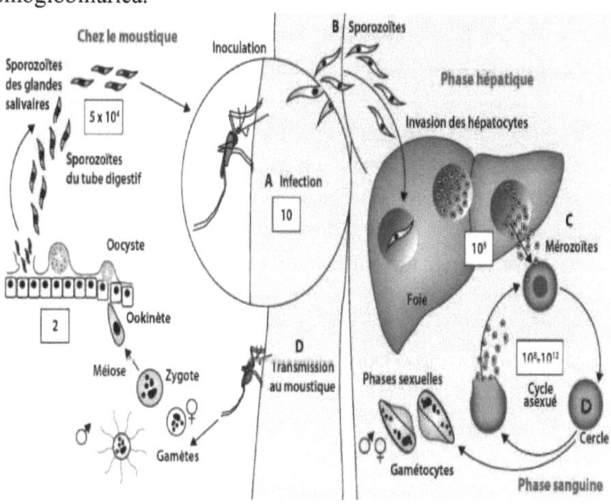

Figura 22: Ciclo evolutivo do Plasmodium

Acesso simples à malária

Caracteriza-se por um início súbito de febre, que pode ser contínua ou irregular, acompanhada de dores de cabeça, artralgias, mialgias e uma síndrome digestiva que inclui anorexia, diarreia, náuseas e vómitos e dores abdominais. A malária simples pode evoluir para um ataque grave em qualquer altura. O diagnóstico da malária é, por conseguinte, uma emergência médica.

Malária grave ou neuromalária

"Qualquer doente que apresente uma perturbação da consciência ou qualquer outro sinal de disfunção cerebral ao regressar a um país endémico de paludismo deve ser tratado o mais rapidamente possível, pois trata-se de uma emergência grave como o paludismo. (2) Apesar do tratamento adequado, a mortalidade da neuromalária continua a ser elevada, podendo atingir os 30%. Os ataques graves têm frequentemente um início gradual, com febre irregular, uma síndrome álgica e problemas digestivos. A neuromalária é mais frequentemente causada por uma infeção por Plasmodium falciparum, mas também por Plasmodium vivax e knowlesi, e pode ser potencialmente fatal.

Malária visceral em evolução (EVM)

O paludismo visceral evolutivo, também designado por caquexia malárica ou paludismo crónico, surge em situações hiperendémicas, em crianças com menos de 15 anos que se encontram em processo de imunidade e também em pessoas que sofreram infecções parasitárias repetidas e que estão a fazer um tratamento ou quimioprofilaxia parcialmente eficaz. Do ponto de vista clínico, manifesta-se por uma deterioração do estado geral, anemia, esplenomegalia, perda de peso e, nas crianças, um atraso no crescimento e no desenvolvimento. A parasitemia é baixa, o que complica o diagnóstico. No entanto, a serologia da malária é positiva. Na maioria dos casos, a doença evolui positiva e rapidamente após a administração de um tratamento antimalárico à base de cloroquina.

Diagnóstico

Sinais de orientação :

Noção de estadia numa zona endémica.
Certas formas neurológicas.
Alterações de certos parâmetros: anemia hemolítica (fase de infeção primária e fase de revivescência) e trombocitopenia (contagem de plaquetas inferior a 150.000elts/mm3)
Diagnóstico direto O diagnóstico de certeza é feito através da deteção do plasmódio no sangue do indivíduo. As técnicas de referência utilizadas continuam a ser: esfregaço de sangue e gota espessa.

Diagnóstico indireto

O diagnóstico serológico da malária não pode substituir o exame parasitológico direto, uma vez que os anticorpos específicos aparecem vários dias após a parasitemia. A serologia é feita principalmente por imunofluorescência indireta, mas também foram aplicadas outras técnicas: ELISA, hemmaglutinação.
As indicações para a serologia são :
- Rastreio de sangue potencialmente perigoso e acompanhamento terapêutico dos doentes.

- Em caso de febre de origem indeterminada
- Estudo epidemiológico: prevalência da malária

Profilaxia.

Profilaxia colectiva
Controlo dos vectores: Os vectores Anopheles são o principal aspeto do controlo da malária. São recomendadas várias medidas:
- Utilização de redes mosquiteiras impregnadas de inseticida e pulverização de insecticidas
- Drenagem de pântanos ou drenagem de pântanos
- Controlo biológico das larvas de Anopheles (Bacillus thuringiensis, peixes larvívoros, etc.) Gambusia...)

Profilaxia individual.

Nos casos endémicos, a utilização de cloroquina ou amodiaquina tem por objetivo reduzir a parasitemia, evitando assim a evolução fatal das formas graves. No caso dos viajantes, a quimioprofilaxia necessária terá em conta a exposição ao risco e, por conseguinte, a situação local de quimiorresistência.
Filo : Ciliophora
Classe: Kinetofragminophorea Ordem: Trichostomatida Família: Balantiididae
Género: Balantidium
Espécie: O Balantidium coli é específico do ser humano.
Existem outras espécies de suínos: B. suis; B. caviae.
O Balandidium coli é um parasita cosmopolita, muito comum em zonas tropicais e especialmente em regiões onde o porco é importante e onde os porcos vivem em contacto mais ou menos próximo com os seres humanos. O nome Balantidium vem da palavra grega Balanto, que significa saco, devido à sua morfologia. A balantidiose é uma protozoose intestinal causada por um ciliado, Balandidium coli, um parasita comum dos suínos. É uma doença ligada a perigos de origem fecal e hídrica, que afecta principalmente as pessoas que comem carne de porco.

Morfologia

O agente patogénico existe em duas formas: a forma vegetativa ou trofozoíta e a forma cística.

a. A forma vegetativa ou trofozoíta

É um protozoário grande e ovoide (Fig.23). Mede 50 - 200 μm / 20 - 70μm. O endósteo granular contém numerosos vacúolos digestivos cheios de partículas alimentares (grãos de amido, bactérias intestinais, glóbulos vermelhos) e 2 vacúolos contrácteis que se deslocam em torno da célula. Existem 2 núcleos: o macronúcleo (um núcleo vegetativo grande, ovoide e em forma de rim que contém um cromossoma denso) e o micronúcleo (um núcleo reprodutor pequeno e arredondado localizado na concavidade do macronúcleo). A nutrição é fornecida pela fagocitose de detritos celulares, nutrientes e bactérias intestinais. A mobilidade explica-se pelo movimento coordenado em espiral dos seus cílios ou rotação. O Balantidium coli multiplica-se no cólon de duas formas particulares: a mais frequente e habitual é por divisão binária transversal da célula e dos núcleos (divisão do micronúcleo por mitose, depois do macronúcleo e finalmente do citoplasma e das vesículas contrácteis). Trata-se de uma divisão assexuada e é após um certo número de divisões que se dá o segundo tipo de multiplicação, a multiplicação sexual (ou conjugação). Trata-se da união de dois parasitas por fusão parcial das membranas citoplasmáticas e, sobretudo, de uma troca recíproca de material cromatínico antes de os dois indivíduos se separarem.

b. A forma cística

É arredondado ou esférico e mede 50 - 60 μm de diâmetro (Fig.23). A sua parede é espessa e transparente. O parasita, com 2 núcleos e vacúolos contrácteis, é móvel no interior do quisto, com cílios persistentes. O encistamento ocorre no cólon.
O cisto é a forma de resistência e transmissão do parasita.

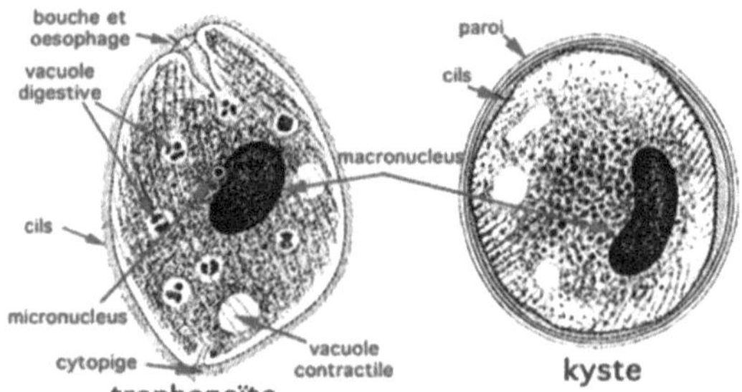

Figura 23: Diagrama de uma forma vegetativa e um quisto de Balantidium coli

Habitat

Os cistos ingeridos são encontrados no intestino delgado antes de se desnuclearizarem. Os trofozoítos e as novas gerações de quistos vivem no cólon dos seres humanos e dos suínos. **Patogénese** O Balantidium coli produz uma enzima proteolítica (hialuronidase) que corta e digere os enterócitos. Isto provoca ulceração do cólon, permitindo a infiltração de linfócitos e de células polimorfonucleares. As lesões são úlceras na parede do cólon, muito localizadas e superficiais. Ocorre uma hemorragia e instala-se uma infeção bacteriana. A perfuração do cólon ou a apendicite podem ser fatais se não forem tratadas precocemente.

Anfitrião final

O porco é o hospedeiro definitivo. O homem é um hospedeiro acidental.

Reservatórios de parasitas

Estes são :

- De humanos (80% dos portadores saudáveis) ;
- A carne de porco (muito frequentemente parasitada em todo o mundo, e as fezes de porco são uma fonte de parasitas). que infestam os seres humanos).

Modo de contaminação

A transmissão é **fecal-oral**, através da ingestão de água ou alimentos contaminados por quistos.

Ciclo evolutivo

O hospedeiro definitivo é mais frequentemente infetado pela ingestão de quistos através de água ou alimentos contaminados. Após a ingestão, os quistos dividem-se, libertam os seus invólucros e libertam formas vegetativas no intestino delgado (Fig. 24). Os trofozoítos colonizam então o intestino grosso. No lúmen do intestino grosso, os trofozoítos multiplicam-se por divisão binária transversal ou conjugação. Alguns trofozoítos encistam e transformam-se em quistos infetantes; outros continuam a colonizar o cólon. Podem penetrar na submucosa e exercer uma ação lítica sobre os tecidos, favorecendo a progressão para outros órgãos (trato bronco-alveolar e trato urinário).
A figura 24 mostra o ciclo de vida.

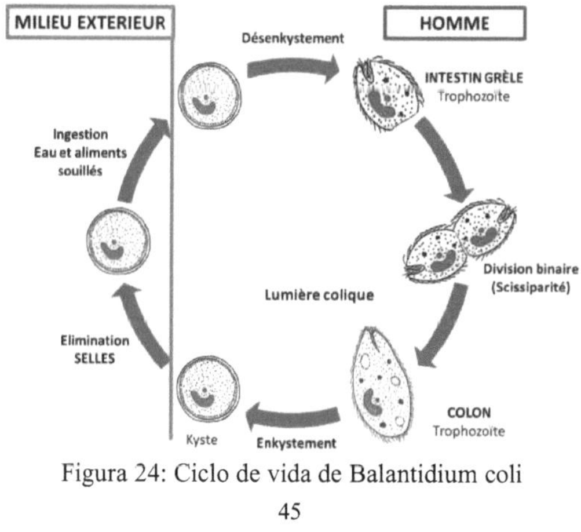

Figura 24: Ciclo de vida de Balantidium coli

Factores contributivos

- Resistência do parasita: os quistos sobrevivem durante 15 dias a uma temperatura de 20 - 25° ou 2 meses a baixas temperaturas num ambiente húmido;
- Ocupação: agricultores, criadores de suínos, veterinários, jardineiros que utilizam estrume ;
- Más condições de higiene ;
- Mau estado geral do hospedeiro: má nutrição, perturbação da flora bacteriana, alcoolismo, problemas gastrointestinais crónicos, imunodepressão;
- Ambiente: sobrepopulação, clima tropical, poluição.

Clínica

As formas latentes são comuns.

As formas agudas caracterizam-se por dor abdominal e diarreia sanguinolenta (simulando disenteria amebiana), que pode ser complicada por hemorragia, perfuração e abcessos metastáticos.
Foram notificados abcessos hepáticos e colite balantidial crónica. O envolvimento do trato broncopulmonar e do trato genito-urinário com insuficiência renal pode levar a sintomas graves, difíceis de diagnosticar e fatais.

Diagnóstico

Orientação dos elementos

- dados epidemiológicos: origem geográfica, profissão, idade, etc. ;
- a noção de viagem a regiões endémicas /promiscuidade com porcos ;

Diagnóstico parasitológico

Exame parasitológico das fezes para detetar trofozoítos e quistos. Em caso de complicações: os trofozoítos podem ser detectados no líquido broncoalveolar ou na urina durante infecções pulmonares e do trato urinário.

Técnicas parasitológicas das fezes

- Exame a fresco: O exame direto a fresco permite a deteção de Balantidium coli nas fezes ao microscópio de luz. Para tal, dilui-se um fragmento de fezes com água fisiológica. A observação ao microscópio de luz revela quistos e trofozoítos, que se caracterizam pelo seu movimento rápido. A coloração de Lugol é utilizada para visualizar a parede dupla dos quistos.

Retoscopia: os trofozoítos são procurados nas lesões.

- **Técnicas de concentração**

Melhoram a sensibilidade do exame. Estas incluem a concentração de Ritchie e a coloração com Mertiolato de Iodo-Formol (MIF).

- Ritchie: trata-se de uma técnica de concentração que utiliza uma mistura de formalina e éter. A matéria orgânica é dissolvida na fase orgânica (sobrenadante), enquanto os ovos e os quistos dos parasitas intestinais se encontram na fase aquosa (pellet). O pellet que contém os parasitas é observado após centrifugação entre uma lâmina e uma lamela.
- MIF: A mistura Mertiolato - Iodo - Formol é utilizada para corar os quistos e as formas vegetativas; é também utilizada para preservar as fezes para evitar qualquer deterioração dos quistos. A utilização da MIF tem a vantagem de permitir exames mais tardios.

Diagnóstico imunológico específico utilizando a técnica de imunofluorescência indireta. É utilizado para medir os anticorpos anti-Balantidium.
Diagnóstico molecular utilizando a técnica de PCR.

Profilaxia Profilaxia individual
- Higiene das mãos, dos alimentos e da água.

Profilaxia colectiva

- Evitar a promiscuidade humana e suína;
- tratamento da água
- Construção de latrinas ;
- Gestão terapêutica de portadores assintomáticos em zonas endémicas ;
- Educação sanitária para populações em zonas endémicas ;
- Controlo dos suínos

III. METAZOÁRIOS PARASITAS

1- Filo dos Platelmintos

Classe Trematoda Subclasse Digenea Género Fasciola
Género Paragonimus

Definição

As distomatoses são antropozoonoses causadas pela presença no organismo de trematódeos hermafroditas: vermes ou distomos. As distomatoses são favorecidas pelo não cumprimento das regras de higiene alimentar e pelo baixo nível socioeconómico. Os vermes responsáveis pela distomatose pertencem a várias ordens e a várias famílias de trematódes. São digenéticos, ou seja, têm dois modos distintos de reprodução durante o seu ciclo de vida: sexual, com a produção de ovos, e assexual, com a multiplicação na fase larvar num hospedeiro intermediário molusco.

Morfologia

Adultos

As estafilococos são vermes achatados, não segmentados, com um corpo foliáceo (em forma de folha), variando em tamanho de 1mm (Heterophyes heterophyes) a 8cm (Fasciola gigantica). Estão equipados com 2 ventosas que lhes permitem fixar-se nos canais biliares, no intestino ou nos pulmões, consoante a espécie (Fig. 25). A boca abre-se no centro da ventosa anterior ou oral. A ventosa ventral é denominada acetábulo. Os vermes são parasitas hermafroditas que se alimentam de substâncias líquidas ou quase líquidas retiradas do seu meio de vida. Estas substâncias são frequentemente total ou parcialmente digeridas. O orifício no centro da ventosa anterior serve simultaneamente de boca e de ânus do animal. Os trematódes digenéticos que vivem no trato digestivo do hospedeiro final são essencialmente anaeróbios. Os adultos são hermafroditas e põem ovos não embrionados, exceto no caso do Dicrocoelium dendriticum.

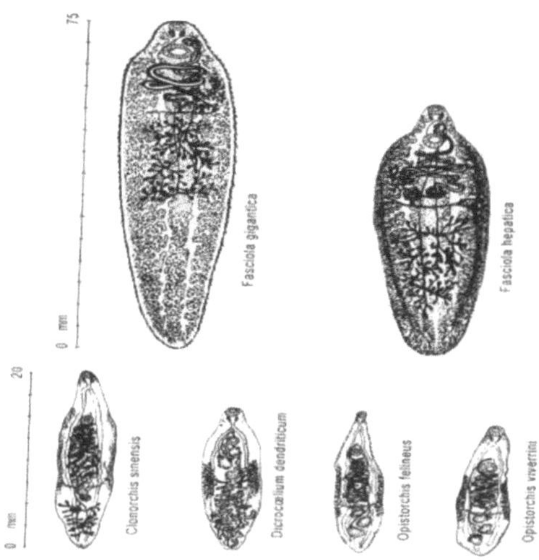

Figura 25: Vermes adultos causando distomatose hepática (Ripert C, 1990)

Ovos

Os ovos têm várias formas, mas são geralmente ovóides, medindo entre 20 e 200µm de diâmetro. Trata-se de elementos cobertos que não estão embrionados no momento da oviposição, exceto os de D. dendriticum.

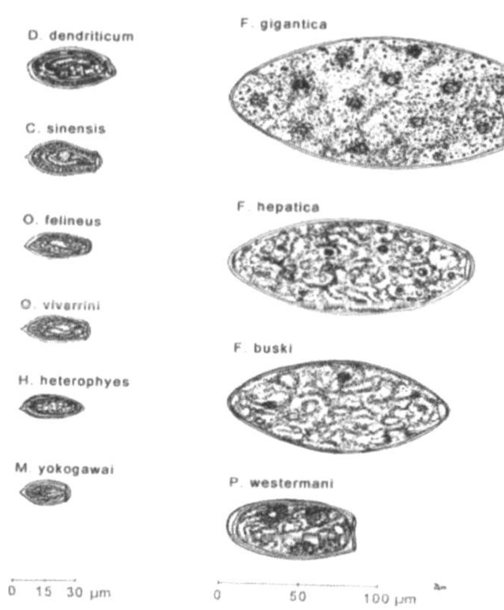

Figura 26: Ovos de estaca encontrados em parasitologia humana

Patogénese

Os Distomata que parasitam os seres humanos vivem nos canais biliares, nos intestinos ou nos pulmões. As secreções e excreções dos vermes provocam reacções de sensibilização e uma resposta imunitária humoral. A irritação crónica do epitélio das vias biliares e dos brônquios provoca um edema, uma reação inflamatória e uma hiperplasia reactiva. O habitat dos adultos permite classificá-los de acordo com os danos causados a estes diferentes órgãos no hospedeiro definitivo:

a. Distomatose hepatobiliar :

Fasciola hepatica Fasciola gigantica Dicrocoelium dendriticum Clonorchis sinensis Opistorchis felineus Opisthorchis viverrini

b. Distomatoses intestinais :

Fasciolopsis buski Metagonimus yokogawai Heterophyes heterophyes

c. Distomatoses pulmonares: Paragonimus westermani Paragonimus kellicoti Paragonimus africanus

Anfitrião final

As distomatoses são antropozoonoses para as quais o homem é um hospedeiro acidental. Os vertebrados (bovinos, ovinos, etc.) são os hospedeiros definitivos destes parasitas. Os bovinos, ovinos e caprinos domésticos e selvagens, os cães, os gatos, os porcos e outros mamíferos selvagens.

Anfitrião intermédio

Cada espécie de verme tem 2 hospedeiros intermediários (HI): um molusco e um animal ou planta. O primeiro hospedeiro intermediário é um molusco gastrópode, enquanto o segundo é uma planta, um peixe, um crustáceo ou uma formiga. Estes últimos quatro hospedeiros são também conhecidos como **hospedeiros de encistamento.**

Os hospedeiros intermediários aquáticos dos distomos que são parasitas dos seres humanos encontram-se apenas em água doce. Pertencem a vários géneros, incluindo Bithynia, Galba, Melania e Zebrina.

Modo de contaminação

As pessoas são contaminadas **pela** ingestão de plantas ou animais crus ou mal cozinhados, que contêm metacercárias vivas de vermes.

Canal de saída

Os ovos do parasita são eliminados nas fezes no caso de distomatose intestinal e hepatobiliar. No caso da distomatose pulmonar, são eliminados na expetoração. Os ovos da distomatose pulmonar podem ser encontrados nas fezes após a ingestão de expetoração que os contenha.

Ciclo de vida

O verme adulto põe ovos que se caracterizam pela presença de um opérculo. Os ovos são expelidos com as fezes (distomatose hepatobiliar ou intestinal) ou com a expetoração (distomatose pulmonar). Com exceção do D. dentriticum, é necessário um ambiente aquático para que o ciclo evolutivo do continue. Num ambiente aquático, o ovo embriona-se em 3 semanas e liberta a larva ciliada, o miracídio (Larva1). O miracídio móvel nada em busca do seu primeiro HI, um molusco gastrópode. A vida do miracídio é curta (algumas horas), se não encontrar o seu molusco específico, morre. Quando o miracídio encontra o seu hospedeiro intermediário, penetra no corpo do molusco e migra para a cavidade pulmonar do molusco, onde se multiplica ativamente por poliembrionia, produzindo milhares de esporocistos (Larva2). Cada esporocisto brota e dá origem a uma 3ª forma larvar: a redia, que é um organismo alongado com o contorno de um tubo digestivo. Os redia atingem o hepatopâncreas do molusco e, nessa altura, cada redia dá origem a uma 4ª forma larvar: a cercária com uma cauda simples e não bifurcada. As cercárias libertam-se do corpo do molusco e nadam em busca do seu segundo hospedeiro intermediário (uma planta ou um animal). Em contacto com o segundo hospedeiro intermediário, a cercária fixa-se a ele (no caso das plantas) ou penetra-o (no caso dos animais, por exemplo, crustáceos no caso de Paragonimus westermani), perde a sua cauda e envolve-se numa parede espessa e encistase sob a forma de metacercária (Larva 5), a forma infestante da fascíola. No caso do D. dendricutum, a cercária, envolta em muco, é engolida pela formiga, onde encistará no gânglio subesofágico. O homem é contaminado pela ingestão destas metacercárias vivas através de plantas (Fig.28) ou de animais HI crus ou mal cozinhados (Fig.27). Após a ingestão, os sucos digestivos lisam a carapaça, libertando o dodículo, que depois se espalha para o resto do corpo. o órgão onde atinge a fase adulta.

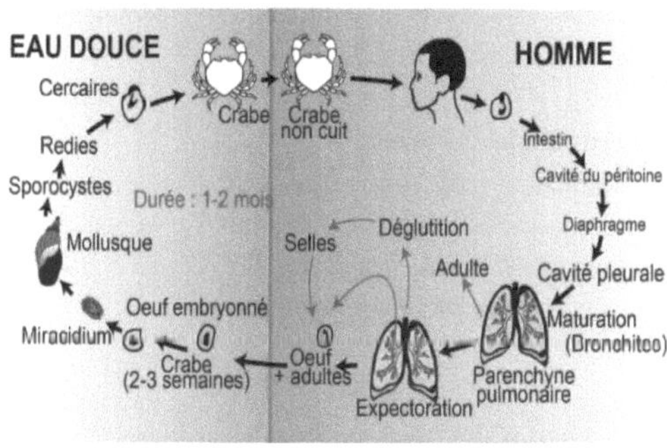

Figura 27: Ciclo evolutivo de Paragonimus sp

Discriminação geográfica

As distomatoses são parasitas cosmopolitas. No entanto, as espécies estão distribuídas de forma diferente em todo o mundo. A Fasciola hepatica e o Dicrocoelium dendriticum são antropozoonoses cosmopolitas que se encontram em todas as regiões de criação de gado .
A Fasciola gigantica encontra-se principalmente em zonas tropicais.
As espécies do género Paragonimus encontram-se em África e na Ásia.

A distomatose intestinal é mais comum no Sudeste Asiático e na Tunísia.

Clínica

A. Distomatose hepato-biliar ou Fasciolose

- Incubação silenciosa que dura cerca de 15 .

-Na fase invasiva ou toxi-infecciosa, as fezes criam lesões ao percorrerem o parênquima hepático. Sente-se dor no hipocôndrio direito, hepatomegalia, astenia, perturbações digestivas (diarreia ou obstipação), prurido, febre nocturna, artralgias, mialgias e alteração do estado geral.

- Na fase de estado ou na fase de angiocolite crónica, as varas adultas localizam-se no lúmen dos canais biliares, que são então dilatados com uma parede espessa e dura devido a reacções inflamatórias da submucosa. Estes vermes constituem, pelo menos parcialmente, um obstáculo ao fluxo da bílis. Podem libertar substâncias tóxicas alergénicas que provocam perturbações cutâneas, respiratórias ou nervosas à distância. Durante esta fase, persistem a astenia e a perda de peso, as crises de urticária, as enxaquecas, as cólicas hepáticas, os episódios de iterícia com intolerância alimentar e, mais raramente, os sintomas pulmonares e nervosos. A doença evolui para cirrose.

Diagnóstico

Diagnóstico biológico

- Hipereosinofilia sanguínea elevada na fase de invasão e hipereosinofilia moderada na fase de invasão. estado.
- Uma síndrome inflamatória (velocidade de sedimentação e proteína C-reactiva elevadas).
- Citólise hepática: elevação das transaminases.

Diagnóstico Exame parasitológico de fezes

As fezes recentemente eliminadas serão submetidas a um exame microscópico direto. Dada a elevada frequência de pauciparasitismo nos seres humanos, é adequado utilizar um método normalizado de concentração, como a técnica de Ritchie. O ovo é grande, medindo 120-140μm, castanho-claro, não embrionado e com tampa.

Exame histológico

Os adultos podem ser descobertos durante a exploração cirúrgica das vias biliares.

Diagnóstico imunológico específico

A serologia é muito útil para o rastreio durante a fase de invasão e também para a monitorização do tratamento. O diagnóstico é confirmado pela deteção de anticorpos específicos. Podem ser utilizadas várias técnicas: IFI, HAI, ELISA.

Exame radiográfico

A ecografia hepática e a TAC podem detetar áreas hipodensas irregulares no parênquima hepático.

Profilaxia

Luta contra os riscos fecais.

Evitar o consumo de plantas aquáticas não lavadas ou mal lavadas nas zonas endémicas.

Controlo dos moluscos hospedeiros intermediários através da limpeza do ambiente, da drenagem de prados inundados, da retificação de margens e valas, da limpeza de esgotos e da drenagem de baixios, que são locais de reprodução dos caracóis.

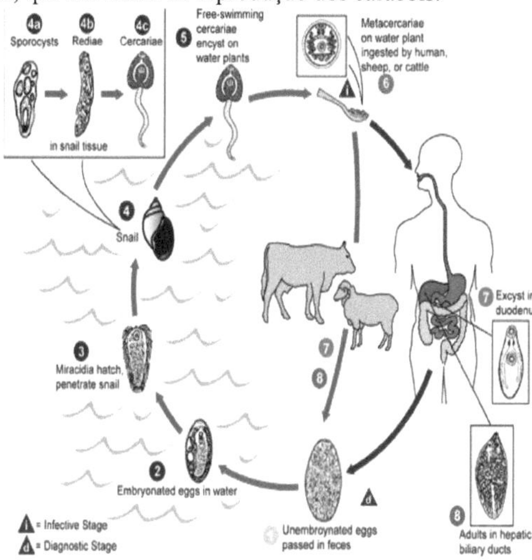

Figura 28: Ciclo evolutivo da Fasciola hepatica

Reino: animal

Filo : Plathelminthes

Classe: Cestodes

Subclasse: Eucestoda **Ordem:** Cyclophyllides **Família:** Taeniidae **Género:** Tœnia

Espécies: T. saginata, T. solium

A taeníase é uma doença parasitária benigna e cosmopolita causada pela presença de vermes planos segmentados adultos (platelmintos) ou cestodes no trato digestivo humano. Três espécies de ténia causam taeníase nos seres humanos: Taenia solium, Taenia saginata e Taenia asiatica (identificada em 1980 em Taiwan no fígado e nas vísceras de suínos)1. No entanto, neste capítulo sobre a taeníase, centrar-nos-emos apenas em duas espécies: Taenia saginata e T. solium.

1. Agentes patogénicos

São vermes grandes e achatados (4 a 10 m de comprimento para T. saginata e 1 a 8 m para T. solium), com nervuras e segmentados em anéis ou proglótides (Fig.29). A seguir à cabeça ou **escólex**, o pescoço, com alguns mm de comprimento, dá origem aos anéis ou **proglótides**. Em conjunto, as proglótides formam o corpo da ténia ou **estróbilo**. As proglótides perto do pescoço são mais largas do que compridas, pequenas e indiferenciadas. Quando maduras, assumem a forma de um "macarrão achatado"; são rectangulares, mais compridas do que largas (16 a 20 mm x 5 a 7 mm).

Taenia saginata

A cabeça ou escólex é piriforme, deprimida no topo, com um diâmetro de 1,5 a 2 mm em T. saginata O escólex tem 4 ventosas elípticas com 0,7 a 0,8 mm de diâmetro (Fig. 30a), mas não tem rostro nem gancho, daí o seu nome de ténia inerme. Na maturidade, o adulto mede 10-

12m de comprimento.

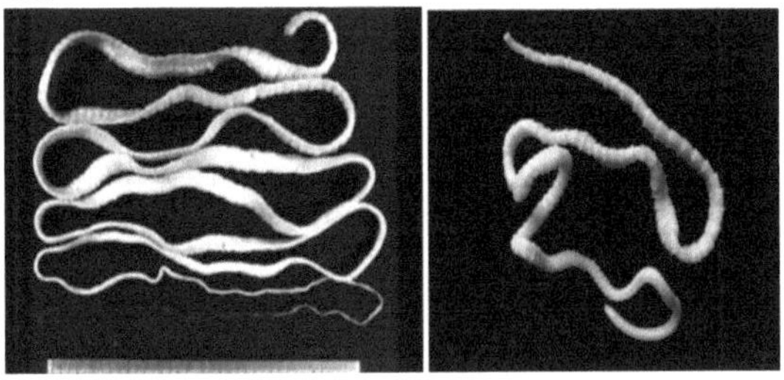

Figura 29: Morfologia geral de Taenia saginata à esquerda e T. solium à direita

Taenia solium

O escólex é esférico, com 1 mm de diâmetro em T. solium. Possui também 4 ventosas arredondadas (Fig. 30b) e um rostro curto com um anel duplo de ganchos, daí o seu nome ténia armada. Existem 22 a 32 ganchos, com alternância de ganchos grandes (160 a 180μm) e ganchos pequenos (110 a 140μm). Menos comprida que a T. saginata, mede 6 a 8 metros.

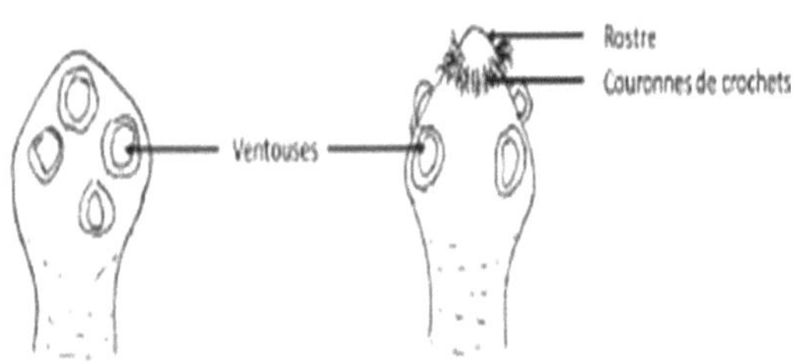

Figura 30: Escólex de Taenia saginata à esquerda e T. solium à direita

De uma proglótide para outra, os poros genitais são irregularmente alternados em T. saginata e regularmente alternados em T. solium (Fig.31). O sistema reprodutor é constituído por 2 lóbulos ováricos, um conjunto de 300 a 1.200 glândulas testiculares e um útero altamente desenvolvido e ramificado (mais de 15 ramificações dicotómicas de cada lado do eixo central) que enche os ovos em T. saginata e as ramificações uterinas são menos numerosas (7 a 13 de cada lado do eixo central das proglótides) e dendríticas em T. solium. As proglótides são emitidas quer individualmente, forçando o esfíncter anal, fora das fezes (T. saginata), quer passivamente em cadeias mais ou menos longas de 10 anéis (T. solium) no meio externo através das fezes. Este modo de eliminação dos anéis, que caracteriza uma ou outra espécie, determina a técnica de diagnóstico utilizada nos testes destes vermes. O T. saginata adulto vive ligado à mucosa duodenal pelo seu escólex, enquanto o T. solium adulto vive no intestino delgado.

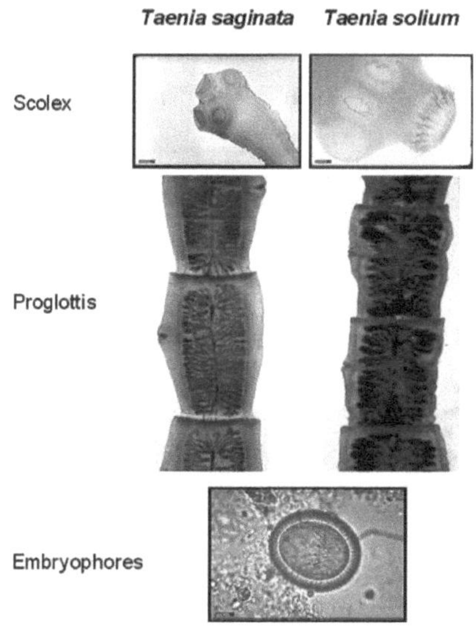

Figura 31: Elementos parasitários de T. saginata e T. solium

2. Anfitrião definitivo (HD)

O homem é o único hospedeiro definitivo (HD) da Taenia saginata e da T. solium. Hospeda os
do verme que se reproduz sexualmente.

3. Hospedeiros intermédios (HI)

Os hospedeiros intermediários (IH) de T. saginata são os bovinos (bois, búfalos, etc.), enquanto os Suidae (porcos) são os hospedeiros de T. solium. No entanto, para além de desempenharem o papel de HD, os seres humanos podem também tornar-se acidentalmente HIs de T. solium através da disseminação de larvas em vários órgãos, resultando em **cisticercose** subcutânea, muscular, neurológica ou ocular, etc.

4. Modo de contaminação

A infeção humana (DH) ocorre por via oral através da ingestão de larvas de T. saginata e/ou T. solium contidas em carne de vaca ou de porco crua ou mal cozinhada (hospedeiros intermediários).

6. Ciclo de vida

Em T. saginata, os anéis soltam-se **individualmente da** cadeia e saem **ativamente** do intestino forçando o esfíncter anal, acabando na roupa de cama ou de dormir. Após a secagem, os anéis rompem-se para libertar os embrióforos.

Em T. solium, por outro lado, os anéis **são** eliminados **passivamente** em **grupos de 4-10** nas fezes. Quando os anéis são destruídos, milhares de **embrióforos** são libertados no ambiente (Fig.32). Quando os embrióforos são ingeridos por herbívoros (Bovidae, Suidae), **o embrião hexacanto** (seis ganchos) libertado no estômago perfura o tubo digestivo e invade todo o organismo. Ao chegar aos músculos, fixa-se, vesicula-se e brota. O protoscolex (escólex da futura ténia) diferencia-se no interior da vesícula e permanece invaginado. A larva cisticerco (forma infetante do parasita) amadurece após 3-4 meses.

As pessoas são infectadas pela ingestão de carne de vaca ou de porco crua ou mal cozinhada que contenha **larvas de cisticercos** (T. saginata ou T. solium). No estômago, o escólex evagina-se e migra para o intestino, onde se fixa à mucosa. Torna-se adulto após 2-3 meses e começa a eliminar os seus anéis com as fezes (Fig.32).

Em T. solium, a contaminação ocorre quer **de forma exógena**, através da ingestão dos embrióforos, quer **de forma endógena** (auto-infestação). Neste último caso, os anéis são regurgitados para o estômago, onde são digeridos. Os embriões de hexacanto são libertados, passam para a circulação e dispersam-se pelo corpo (músculos, cérebro, olhos, pele, etc.) onde se encistam sob a forma de larvas cisticercárias. **É a cisticercose.**

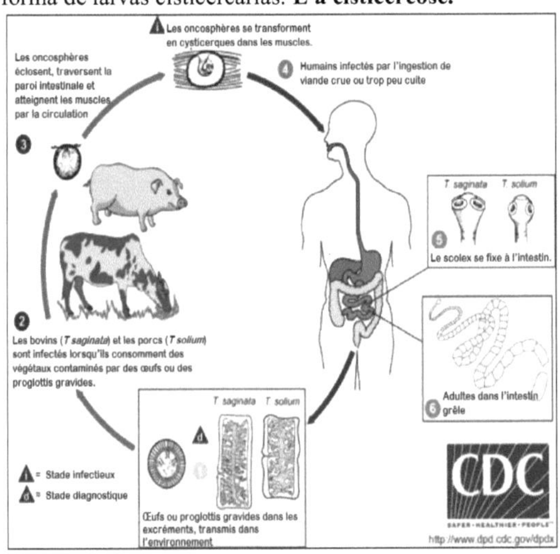

Figura 32. Ciclo evolutivo de Taenia saginata e T. solium

9. Repartição geográfica

A prevalência da taeníase é muito elevada e depende do nível de higiene local, da qualidade dos controlos sanitários veterinários e dos hábitos alimentares da população: consumo de carne mal passada ou muito bem cozinhada, proibição da carne de porco. A Taenia saginata está presente em todo o país, onde é consumida. A sua distribuição é rara nas comunidades muçulmanas e judaicas, mas comum no resto do continente.

Clínica

Fase de invasão: Seis a oito semanas após a ingestão, podem surgir sintomas no trato digestivo, como náuseas, diarreia ou obstipação e dores abdominais. Sinais biológicos como a hipereosinofilia marcam esta fase.

Estado : As manifestações clínicas podem ocorrer sob a forma de sinais digestivos, mas muitos doentes permanecem assintomáticos:

- Bulimia ou anorexia, náuseas ou vómitos, perturbações do trânsito alternância de diarreia e obstipação.
- Dor epigástrica ou pseudo-apendicular.
- **Prurido anal.**
- A anemia megaloblástica macrocítica é mais frequentemente um sinal de teníase.
- Uma ténia pode viver e produzir proglótides durante décadas.
- Podem ocorrer complicações raras na taeníase por T. saginata: apendicite aguda ou crónica, obstrução intestinal, perfuração.

Cisticercose causada por Cysticercus cellulosae

Apenas a T. solium causa problemas de saúde graves devido à disseminação das suas larvas (Cysticercus cellulosae) no tecido humano, que se torna um hospedeiro intermediário. As pessoas contraem taeníase ao ingerir carne crua ou mal cozinhada que contém larvas de ténia. Quando as larvas de T. solium penetram no sistema nervoso central, podem causar sintomas neurológicos, incluindo ataques epilépticos. A T. solium é responsável por 30% dos casos de epilepsia em muitas zonas endémicas, onde existe uma grande proximidade entre a população local e os porcos criados em liberdade.

Diagnóstico

Exame parasitológico de fezes

Baseia-se na identificação dos anéis e na procura de ovos ou embrióforos nas fezes (T. solium) ou na margem anal (T. saginata).

Nota: Os embrióforos de T. saginata e T. solium raramente são observados no exame parasitológico convencional de fezes. São mais frequentemente encontrados na margem anal, particularmente no caso da T. saginata, cujos anéis são ativamente eliminados forçando o esfíncter anal.

Neste caso, o teste **do celofane adesivo de Graham** seria a técnica adequada para o diagnóstico. Este teste consiste em aplicar um pedaço de fita adesiva transparente na margem anal; a fita é depois colada a uma lâmina de vidro observada ao microscópio. Este teste deve ser efectuado de manhã, antes de o doente se lavar. Revela os embrióforos de T. saginata e, raramente, os de T. solium. Na prática, os embrióforos de T. saginata e T. solium são muito difíceis de diferenciar.

Teste de antigénio da Taenia: o ensaio de imunoabsorção enzimática do coproantigénio (CoAg-ELISA) é utilizado para detetar antigénios específicos da ténia nas fezes. O CoAg-ELISA tem uma melhor sensibilidade diagnóstica para a T. solium e é atualmente o teste mais fiável para o diagnóstico da taeníase. Este ELISA é realizado utilizando soros de coelho hiperimunes criados contra antigénios somáticos do verme adulto T. solium. Em estudos epidemiológicos, este teste detecta cerca de 2,5 vezes mais casos de taeníase do que a microscopia.

Diagnóstico molecular: PCR

Profilaxia

Medidas individuais

- Evitar comer carne crua ou mal cozinhada (vaca, porco, peixe).
- Tratamento de parasitas ;
- Congelação baixa e prolongada (carne, peixe).

Medidas colectivas

- Despistagem de cisticercos no abate em HI ;
- Educação sanitária da população (higiene, não fertilizar o solo com fezes humanas não tratadas);
- Tratamento de águas residuais.

Luta contra os riscos fecais através da construção de latrinas, controlo das explorações pecuárias com tratamento antiparasitário dos animais, reforço dos controlos sanitários, administração maciça de medicamentos contra as ténias: tratamento dos indivíduos infectados, não utilização de fezes humanas não tratadas para fertilizar as zonas agrícolas.

Reino : Animal

Filo: Plathelminthes Classe: Cestódeos

Ordem :Pseudophyllidae Família :Diphyllobothridae Género : Diphyllobothrium. Espécie :D. latum

A bothriocefalose, também conhecida como difilobotriose, é uma doença parasitária zoonótica causada por um verme plano do género Diphyllobothrium spp, transmitida aos seres humanos através da ingestão de peixe cru ou mal cozinhado. Neste capítulo, abordaremos apenas a difilobotriose por Diphyllobothrium latum, que é a espécie mais difundida. O verme adulto parece ser a maior das ténias humanas. O corpo divide-se em três partes: a cabeça, o pescoço e o corpo. A cabeça ou escólex minúsculo (1 a 5 mm) não tem rostro nem ganchos e é oblonga com dois órgãos de fixação longitudinais em forma de fenda (bothridia). O colo é uma zona germinativa estreita que se segue à cabeça. O corpo ou estróbilo é bastante longo (10 a 12 m) e é formado por uma cadeia em forma de fita de segmentos sucessivos (3 000-4 000), mais largos do que compridos e de aspeto trapezoidal. Os segmentos ou proglótides são hermafroditas e os poros genitais são medianos e ventrais. Vive no intestino delgado hospedeiro (Fig.33).

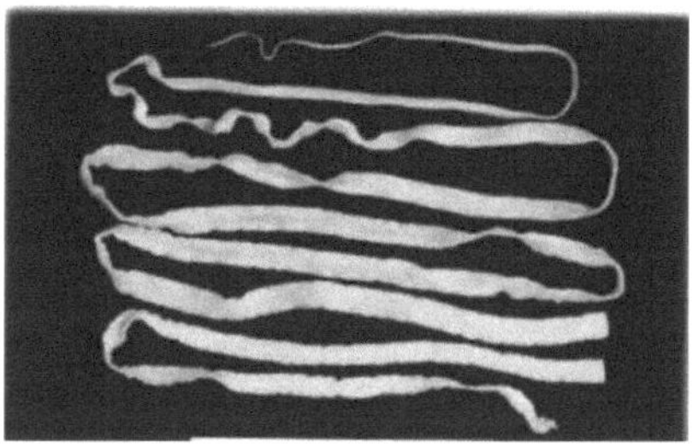

Figura 33. Morfologia geral de Diphyllobothrium latum

Ovo: 70/60 μm de comprimento, tapado e não embrionado aquando da postura; é eliminado com as fezes para o meio exterior (água doce) onde amadurece ao longo de vários dias a semanas (Fig. 34).

Coracidium (Larva 1): é uma larva redonda, nadadora, coberta de cílios vibráteis que

é o resultado da eclosão do ovo após o levantamento da sua tampa (Fig.34).

Larva procercoide (Larva 2): é a segunda forma larvar resultante do desenvolvimento do coracídio no interior de um pequeno crustáceo copépode, o ciclope.

Larva plerocercoide (Larva 3): resulta da transformação da larva procercoide em larva plerocercoide. no interior do peixe que ingeriu o ciclope. Esta é a forma infestante do parasita.

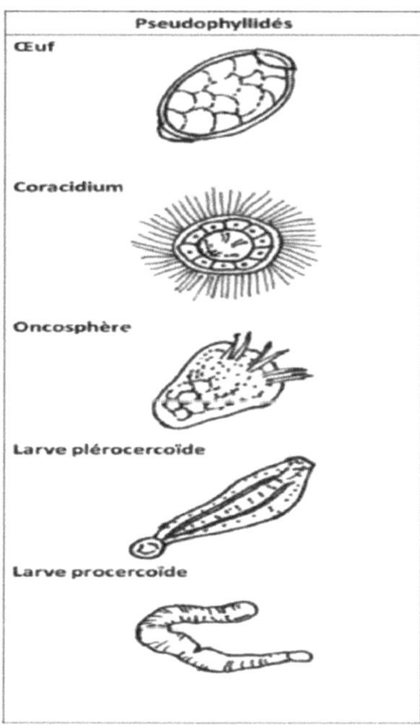

Figura 34: Elementos parasitários de Pseudophyllides (Diphyllobothrium latum)

2. Anfitrião final

Humanos, cães, gatos e animais itchiophagous (focas, ursos).

3. Anfitriões intermédios

Existem dois hospedeiros intermediários, um crustáceo de água doce (ciclope) e um peixe de água doce.

4. Modo de contaminação

A contaminação ocorre por via oral através da ingestão de peixe infestado cru ou mal cozinhado.

6. Ciclo de vida

O ciclo do Diphylobothrium latum envolve dois hospedeiros intermediários (um crustáceo copépode e um peixe), um hospedeiro paraténico (um peixe que alberga a forma infestante do parasita) e um hospedeiro definitivo (geralmente um mamífero piscívoro, incluindo o homem), que alberga o parasita adulto. O ciclo começa quando os ovos não embrionados ou oncosferas presentes nas fezes do hospedeiro mamífero são libertados na água (Fig. 35). Estes eclodem numa larva ciliada chamada Coracidium (Larva1) após 3 semanas. Depois de ser ingerido por um crustáceo de água doce, como um ciclope (o primeiro hospedeiro intermediário), o Coracidium transforma-se numa larva procercoide (Larva 2) em 15 dias. Se o crustáceo for, por sua vez, ingerido por um segundo hospedeiro intermediário, geralmente outro pequeno peixe de água doce, a larva procercoide encapsula-se e desenvolve-se numa larva plerocercoide (Larva 3). As larvas plerocercoides constituem a forma infecciosa do parasita para o hospedeiro definitivo, incluindo os seres humanos. A contaminação dos hospedeiros mamíferos começa com o consumo de pequenos peixes crus, mal cozinhados ou fumados. A continuidade do ciclo é ainda incentivada pelo facto de os peixes pequenos poderem, por sua vez, tornar-se presas de grandes peixes predadores. Ao ingerir peixes pequenos infestados, estes peixes grandes também acumulam os seus parasitas. São, por isso, designados por "hospedeiros paraténicos" ou "hospedeiros de retenção", cujas principais caraterísticas são as seguintes

- Fazem parte da cadeia alimentar dos hospedeiros definitivos.
- Contribuem para a disseminação do parasita e constituem o seu reservatório.
- Estão situados entre o hospedeiro definitivo e o parasita.

Depois de serem ingeridas pelos hospedeiros definitivos, as larvas plerocercoides continuam o seu desenvolvimento para se tornarem ténias adultas maduras no intestino delgado em cerca de um mês. No hospedeiro definitivo, os adultos fixam-se à mucosa intestinal através de dois ganchos bilaterais denominados bothridia. As ténias podem viver até 30 anos, atingindo comprimentos superiores a 10 metros (por vezes até 30 metros) e possuindo mais de 3.000 proglótides. Após a fecundação, os ovos imaturos são libertados das proglótides (até 1.000.000 de ovos por dia por verme) e excretados nas fezes. Os ovos aparecem nas fezes cerca de 5 a 6 semanas após o início da infeção. O seu desenvolvimento é favorecido por temperaturas entre 10 e 20°C. A Bothriocephalosis é uma doença parasitária associada ao perigo fecal, em que os hábitos alimentares (como o consumo de peixe cru ou mal cozinhado) e as condições ambientais são os principais factores que favorecem a transmissão do parasita.

Clínica

A bothriocefalose é uma doença geralmente assintomática. As pessoas afectadas são frequentemente alertadas pelo aparecimento de segmentos nas suas fezes. Os sinais clínicos não específicos incluem dores abdominais, perturbações do trânsito, diarreia, fadiga, obstipação, tonturas, dormência nas extremidades, sensação de fome e dores de cabeça. Em caso de infestações maciças, podem surgir complicações: obstruções intestinais, colecistite ou colangite. Pode também ocorrer anemia (devido à carência de vitamina B12).

Diagnóstico biológico

Exame parasitológico das fezes: Baseia-se na deteção de ovos ao microscópio ou de proglótides nas fezes.

Diagnóstico molecular: A análise molecular por PCR permite a identificação exacta da espécie.

Profilaxia

- Evitar comer peixe cru, mal cozinhado ou fumado.
- Congelar o peixe para ser consumido cru durante, pelo menos, uma semana.
- Tratamento anti-helmíntico.
-Prevenir a contaminação da água, incentivando a utilização de latrinas e fossas sépticas para a gestão dos excrementos.

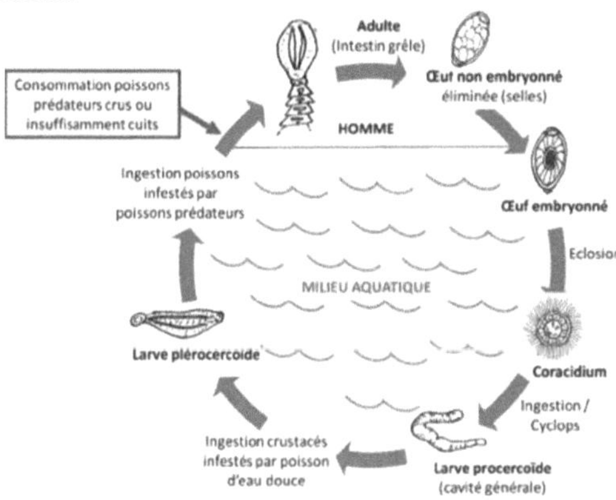

Figura 35: Ciclo de vida de Diphyllobothrium latum

Filo: Platheminthes Classe: Cestódeos

Ordem: Cyclophyllida Família: Taenidae Género: Echinococcus

Espécies: Echinococcus granulosus

A hidatidose (também conhecida como equinococose hidática ou quisto hidático) é uma zoonose causada pelo desenvolvimento no ser humano da larva hidática da ténia Echinococcus granulosus. É transmitida ao homem através da ingestão dos ovos (embrióforos) excretados no ambiente pelo cão parasitado. Esta doença está muito disseminada nas zonas agrícolas. O verme adulto é o mais pequeno cestode que vive no trato digestivo dos cães e de certos canídeos. **O adulto** é a ténia mais pequena, medindo 3 a 8 mm (Fig.36). O escólex tem 4 ventosas arredondadas com um rostro armado com um anel duplo de ganchos. O corpo tem 3 a 4 anéis, sendo que apenas o último anel é gravídico e contém um útero cheio várias centenas de embrióforos. O penúltimo anel, que é mais longo do que metade do corpo, tem uma genitália hermafrodita desenvolvida, com um ovário e 20 a 70 testículos.

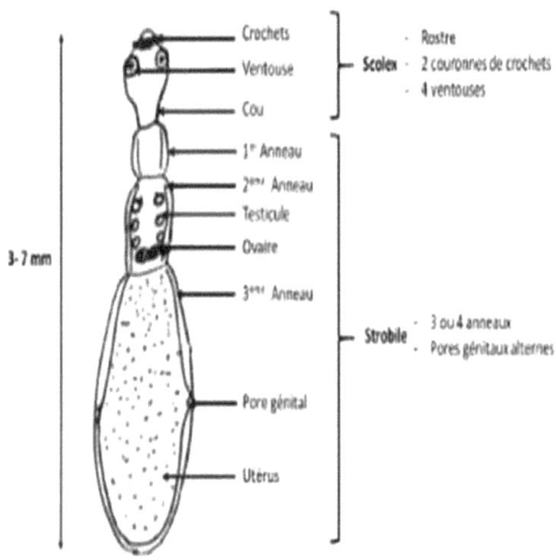

A larva hidática: esta é a maior larva e é oca, cheia de líquido, vesículas e escólex (protoscolex). A hidátide fértil inclui (Fig.37) :

- Membrana cuticular externa, espessa e estratificada, com 0,5 a 1 mm de espessura, que tem a consistência e a cor da clara de ovo cozida. Esta membrana é composta por lípidos, proteínas e mucopolissacáridos e é constituída por camadas concêntricas aninhadas umas sobre as outras;

- Uma membrana germinativa interna ou membrana proligeral com 10 a 25µm de espessura contendo células embrionárias. No interior da hidátide, esta dá origem a vesículas proligerais de 250-500µm por brotamento. No interior destas vesículas, surgem os escólexes;

- O líquido hidático preenche a hidátide e as vesículas. Contém numerosos protoscolex e detritos membranares conhecidos como areia hidática. Existem também vesículas filhas exógenas que são expelidas da hidátide.

Estas vesículas filhas têm a mesma estrutura que a hidátide mãe. Um quisto hidático é um conjunto de larvas hidáticas rodeadas por uma reação fibrosa. do hospedeiro, conhecida como membrana adventícia.

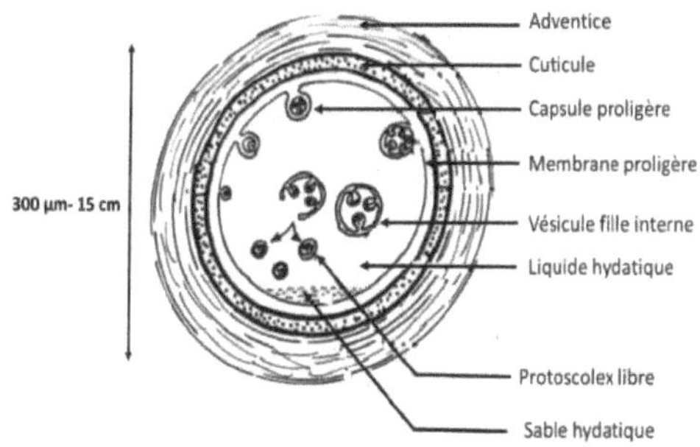

Fig.37: Estrutura do quisto hidático

O embrióforo

De forma ligeiramente oval, a sua morfologia é semelhante à dos ovos de T. saginata e T. solium. dimensões de 35 a 45µm

c. Biologia

Os adultos vivem geralmente no intestino do cão, que alberga um grande número deles sem ser particularmente incomodado. A larva vesicular ou quisto hidático encontra-se em 50 a 60% dos casos no fígado, em 30 a 40% dos casos no pulmão e em 5 a 10% dos casos em qualquer outra parte do corpo do indivíduo infetado (coração, cérebro, baço, rim, esqueleto, músculos). Os embrióforos são libertados com as fezes dos cães e podem sobreviver no ambiente durante 18 meses a 2 anos, a temperaturas que variam entre +25°C e -25°C.

2. Anfitrião final

O cão e certos canídeos selvagens (lobo, chacal, raposa).

3. Anfitriões intermédios

Os mamíferos herbívoros ou omnívoros, incluindo os ovinos e, ocasionalmente, os humanos, são os principais hospedeiros intermédios do E. granulosus.

4. Modo dc contaminação

O homem infecta-se ao ingerir os ovos embrionados (embrióforos) eliminados no meio externo pelo hospedeiro definitivo, que pode estar presente nos cães ou no solo e nos alimentos sujos. A infeção do homem constitui um beco sem saída parasitário evolutivo para a larva, que não pode continuar o seu desenvolvimento.
Os hospedeiros definitivos são infectados pela ingestão das vísceras hidáticas de um hospedeiro intermediário parasitado (ovinos+++).

Reservatório de parasitas

São os canídeos que hospedam a forma adulta. As larvas encontram-se nos hospedeiros intermediários que asseguram a contaminação do hospedeiro dcfinitivo pela carnivoria.

7. Ciclo evolutivo "natural

Os embrióforos de E. granulosus são libertados no ambiente com as fezes do cão parasitado. As ovelhas (ou outros herbívoros) são infectadas ao pastarem na erva contaminada (Fig.38). O ovo eclode no seu trato digestivo, libertando um embrião hexacanto que atinge o fígado ou, mais raramente, outros órgãos onde se transforma numa larva hidática. O cão (hospedeiro definitivo) infesta-se então a si próprio, devorando as vísceras hidáticas da ovelha parasitada. No intestino do cão, o escólex desinvagina-se e fixa-se na mucosa, dando origem a um adulto em 6 a 8 semanas. A partir daí, começa a excretar ovos (embrióforos) com as fezes para o ambiente. Os embrióforos podem sobreviver no ambiente exterior durante 18 meses a 2 anos, a temperaturas que variam entre 0°C e 25°C.

□ Ciclo acidental no ser humano

Os seres humanos são hospedeiros intermediários acidentais, infectando-se pela ingestão de embrióforos. eliminados pelas fezes do cão parasitado (Fig.38). A parede do embrióforo é dissolvida no estômago e o embrião de hexacanto é libertado. Graças aos seus ganchos, atravessa a parede do intestino delgado, atingindo o fígado onde se instala em 50 a 60% dos casos; pode ser encontrado no pulmão (30 a 40% dos casos) outros órgãos como o cérebro, o coração, os rins e o baço (5 a 10%). Vesicula a partir do 7º dia, envolve-se num granuloma inflamatório e dá origem a uma larva hidátide que amadurece em 12 a 18 meses.

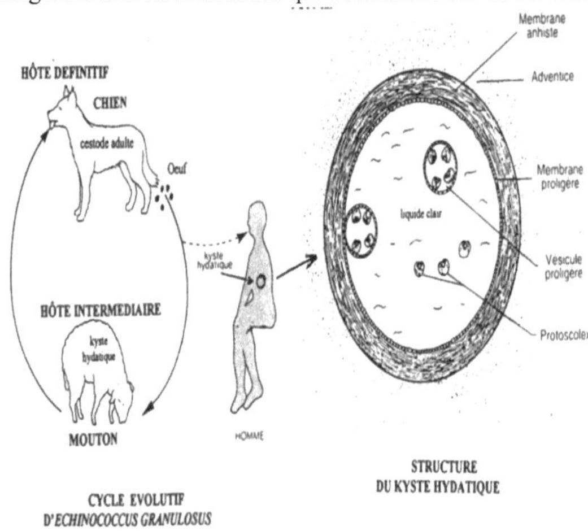

Figura 38: Ciclo evolutivo do Echinococcus granulosus

8. Factores que favorecem a transmissão da hidatidose

- A hidatidose é mais comum em zonas agrícolas, particularmente onde grandes rebanhos de ovelhas são guardados por cães.
- Eliminação de carcaças de animais no meio natural, abate descontrolado de animais.

- Não há tratamento anti-helmíntico para cães.
- Profissão: criadores, pastores, caçadores em contacto direto com cães.
- Hábitos alimentares: consumo de alimentos crus ou mal cozinhados.
- Higiene deficiente.

Clínica :

Na doença hepática: hepatomegalia mais ou menos dolorosa ou, por vezes, um tumor arredondado que se projecta sob o rebordo costal, que pode ser indolor ou sensível e bem delimitado. Compressão das vias biliares com iterícia, cólica hepática e, por vezes, angiocolite em caso de fissura. Envolvimento pulmonar: hemoptise, dispneia, abcesso pulmonar com vómito constituído por um líquido mais ou menos claro contendo ganchos e escólex.

Diagnóstico FNS

Hiper eosinofilia no sangue durante a fase de crescimento do parasita ou em caso de rutura ou fissura.

A hiperleucocitose dos neutrófilos pode estar presente em casos de superinfeção bacteriana.

Diagnóstico biológico

Exames imagiológicos para identificar o quisto hidático: ecografia abdominal, radiografia do tórax.

Diagnóstico imunológico

O diagnóstico imunológico baseia-se na deteção de anticorpos séricos específicos através de uma variedade de técnicas, incluindo técnicas qualitativas, como a imunoeletroforese e a electrossinérese, e técnicas quantitativas, como a imunofluorescência indireta, ELISA e hemaglutinação.

A serologia é de interesse para o controlo terapêutico da doença.

Profilaxia

1. Prevenção individual
- Redução da promiscuidade com os cães.
- Boa higiene pessoal: lavar as mãos após o contacto com um cão.
- Higiene alimentar: lavar os alimentos, especialmente quando há cães por perto.
- consumo de água.

2. Prevenção colectiva
- Desparasitação de cães, eliminação de cães vadios.
- Controlar o abate de animais nos matadouros oficiais.
- Destruição das vísceras dos animais infestados.
- Vigilância das pessoas em risco: agricultores, pastores, caçadores.

Filo dos Nematoda,

 Classe Secernanta, Ordem Ascaridida, Família Oxyuridae, Género Enterobius,

□ Espécies: Enterobius vermicularis Linné 1758.

A oxiurose, também conhecida como enterobíase, é uma helmintíase intestinal causada pelo desenvolvimento de um nemátodo no intestino delgado humano: Enterobius vermicularis ou verme do alfinete. Trata-se de uma doença cosmopolita que se encontra disseminada por todo o mundo, afectando sobretudo as crianças.

2. Morfologia

a.O verme adulto

Trata-se de um verme redondo, branco, visível a olho nu. O macho mede 2 a 5 mm de comprimento e 0,1 a 0,2 mm de diâmetro. A sua extremidade posterior é curvada ventralmente e apresenta uma espícula copulatória que é a extremidade terminal de um aparelho genital constituído por um testículo, uma vesícula seminal e um ducto ejaculatório.

A fêmea mede 9 a 13 mm de comprimento e 0,3 a 0,5 mm de diâmetro. O seu corpo é reto ou ligeiramente arqueado, com uma secção média mais espessa. A extremidade posterior é reta, afunilada e pontiaguda. O útero está cheio de milhares de ovos, o que provoca a sua distensão. A vulva abre-se no terço anterior do corpo.

Na parte cefálica encontra-se a boca, rodeada por 3 lábios retrácteis. Apresenta um inchaço cuticular, vesicular e estriado transversalmente. O esófago é muscular com um bolbo posterior caraterístico.

b. Ovo

É oval e assimétrico, com um lado convexo e um lado plano. Mede 50 a 60 µm por 30µm. Possui uma casca espessa, lisa, transparente e refractária. A superfície externa é albuminosa, permitindo que o ovo adira à pele ou à mucosa. Contém um embrião vermiforme.

B. Anfitrião final

O ser humano é o hospedeiro definitivo do parasita.

C. Métodos de contaminação□ por via oral:

- Ou por inter-contaminação: diretamente das mãos sujas. Isto assegura a disseminação inter-humana. Indiretamente através de objectos sujos (lençóis, brinquedos), água e alimentos;
- Ou por auto-contaminação: os ovos depositados aderem à margem anal e colam-se à pele e as mãos levam à boca, dando origem a uma nova infestação.

F. Ciclo evolutivo

Os seres humanos são infectados pela ingestão de ovos através das mãos sujas ou de alimentos sujos (Fig.39). No estômago, estes ovos eclodem em larvas rabditóides que entram no intestino delgado. Após três mudas, estas larvas tornam-se adultas em 15 a 40 dias. Nas primeiras fases da sua vida, os jovens adultos vivem no íleo e alimentam-se de restos de comida. Migram para a região córaco-apendicular, onde se dá o acasalamento. A fêmea grávida migra através do cólon para o reto durante a noite. Atravessa ativamente o esfíncter anal. Morde a mucosa anal para se agarrar e começa a pôr ovos assim que sai para o exterior.

Põem cerca de 10.000 ovos em 20 minutos, após os quais morrem normalmente. Nas raparigas, podem migrar para o trato genital, dando origem a manifestações clínicas genitais. Os ovos não estão embrionados no declive. Tornam-se maduros e infecciosos em 6 horas a uma temperatura de 37°C na presença de oxigénio. O ciclo médio dura entre 15 e 45 dias. Os ovos vivem na natureza durante várias semanas, consoante as condições climatéricas (3 semanas entre 17 e 20°C). Podem resistir à dessecação durante cerca de dez dias).

G. Factores contributivos

- Agrupamento de pessoas (creches, internatos, hospitais, etc.)
- Pobreza, nível socioeconómico e falta de higiene.

Clínica

É uma doença benigna que normalmente passa despercebida quando a infestação ocorre pela primeira vez

Em caso de infestação maciça, pode observar-se o seguinte:

- Prurido anal, especialmente à noite.
- Sinais digestivos: dor, diarreia, náuseas, vómitos, anorexia.
- Problemas de comportamento: irritabilidade, agressividade, agitação nocturna.
- Vulvovaginite com prurido vulvar e leucorreia na rapariga.
- A dermatite anal é rara mas possível.

Podem ocorrer complicações como apendicite ou localizações atípicas (peritoneu, pulmões, bexiga).

Diagnóstico parasitológico

- Teste anal de Scotch: utilizado para detetar ovos na margem anal utilizando a técnica do celofane adesivo de Graham ou teste de Scotch. É colocado numa lâmina e examinado ao microscópio.

Profilaxia

- Boa alimentação e higiene pessoal (corte das unhas).
- Saneamento ambiental através da construção de latrinas, fossas sépticas e redes de água potável.

 Filo Nematoda Classe Adenophora

 Ordem Trichocephalida

 Família Trichiuridae

 Género Trichuris

 Espécie: Trichuris trichiura (a única espécie específica do ser humano).

A tricocefalose ou triquíase é uma helmintíase intestinal causada por um nemátodo denominado Trichuris trichiura ou Trichocephalus. Trata-se de uma parasitose ligada à poluição fecal e à utilização de fertilizantes humanos.

2. Morfologia

É um verme de cor branca rosada ou avermelhada, cujo corpo está dividido em duas partes (Fig.39) :

- parte cefálica muito fina, filiforme, semelhante a um fio de cabelo, que contém uma parte do tubo digestivo: um esófago muscular curto seguido de uma parte glandular mais longa, constituída por células chamadas stichosomes e que ocupa três quartos do verme;
- uma parte posterior muito maior que contém a segunda parte do tubo digestivo e o sistema reprodutor, que no macho é constituído por um testículo em forma de fio e uma vesícula seminal que termina numa espícula copulatória dentro de uma bainha.

Figura 39: Macho e fêmea adultos de Trichuris trichiura.

As fêmeas têm um ovário filiforme, um oviduto e um útero. O orifício vulvar é ventral e anterior. O macho mede 30 a 35 mm com a parte posterior em espiral. A fêmea mede de 35 a 55 mm, e a parte posterior é ligeiramente arqueada, com cerca de 0,5 mm de largura.

3. O ovo

Tem 50µm de comprimento e 10 a 15µm de largura. É oval, com uma casca castanha espessa que apresenta dois tampões mucosos pálidos salientes nos dois pólos, dando-lhe um aspeto de limão (Fig. 40). Quando é libertado no meio ambiente, o ovo contém apenas uma célula central, pelo que não está embrionado.

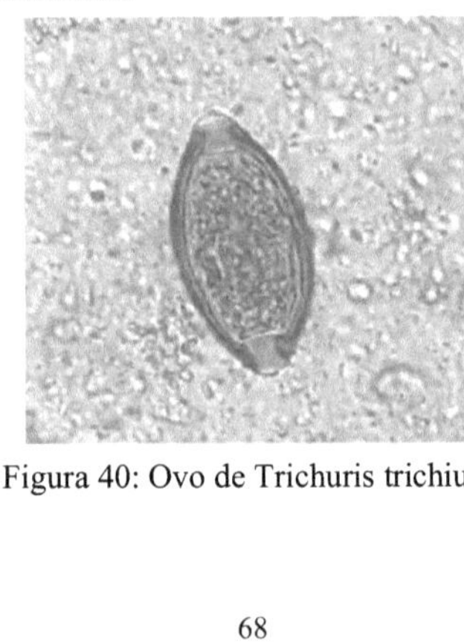

Figura 40: Ovo de Trichuris trichiura.

B. Anfitrião final

O homem é o hospedeiro definitivo do parasita Trichuris trichiura.

C. Modo de contaminação

A contaminação ocorre por via oral.

E. Ciclo de vida

Os ovos eliminados nas fezes têm de permanecer no ambiente exterior para embrionar e tornar-se infecciosos. Uma vez embrionados, os ovos infecciosos podem sobreviver durante vários anos. Os seres humanos são infectados através da ingestão de ovos embrionados infectantes (Fig.41). No duodeno, os ovos eclodem e libertam uma larva. A larva vive no ceco até atingir a idade adulta. Os vermes vivem durante 5 a 10 anos ou mais, daí a acumulação de vermes em indivíduos susceptíveis. A fêmea começa a pôr ovos cerca de 1 mês após a infestação.

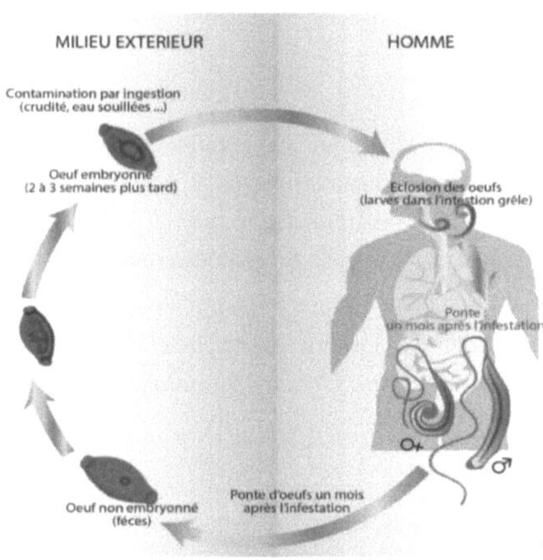

Figura 41: Ciclo evolutivo do Trichuris trichiura

Clínica

A **invasão** : A invasão inicial raramente é maciça. Por conseguinte, passa despercebida. No máximo, há uma hiper eosinofilia no sangue, que se desenvolve de acordo com a curva de Lavier. **estabelecimento intestinal** expressão faseclínica depende da carga parasitária. Assim, é possível distinguir entre a infeção por tricocefalose e a doença tricocefalose:

- Infeção por tricocefalose: Esta é a forma assintomática mais comum. É causada pela presença de 1 a 10 vermes no cólon.

- Doença da tricocefalose: Trata-se de uma doença pouco frequente com sinais clínicos inespecíficos:

- alteração do estado geral ;
- síndrome disentérica, náuseas e flatulência, frequentemente associada a obstipação ou, mais raramente, a diarreia;
- problemas de comportamento, como nervosismo e agressividade;
- Sinais gerais com síndrome anémico (anemia por deficiência de ferro);
- Nas crianças, pode ocorrer um atraso no crescimento e no desenvolvimento.

Excecionalmente, podem ocorrer complicações sob a forma de :
- hemorragia rectal profusa ;
- apendicite tricocefálica simulando um ataque de apendicite.

Diagnóstico biológico

O hemograma revelou hipereosinofilia moderada e anemia.

Diagnóstico parasitológico

Exame parasitológico de fezes: deteção de adultos ou ovos.

Profilaxia

- Luta contra os riscos fecais: utilização de latrinas estanques.
- Tratamento do adubo humano antes da sua utilização.
- Abastecimento de água potável às colectividades locais.
- Higiene pessoal e alimentar (especialmente a higiene das mãos).
- Rastreio e tratamento dos portadores.

□ Filo Nematoda□ Classe Secernentea□ Ordem Strongylida
□ Super família Ancylostomatoidae□ Família Ancylostomidae
□ Subfamília Ancylostomidae:
- Género Ancylostoma
- Espécies: Ancylostoma duodenale

A ancilostomíase é uma parasitose causada pela presença no intestino delgado humano de um nemátodo hematófago estritamente humano: Ancylostoma duodenale. A ancilostomíase é a quarta infeção parasitária mais comum no mundo, depois da malária, da bilharziose e da ascaridíase. Ocorre em zonas tropicais e intertropicais e é transmitida através de periculosidade fecal.

2. Morfologia

a. Adulto

São pequenos vermes cilíndricos, de aspeto esbranquiçado ou castanho-avermelhado. A fêmea mede de 10 a 18 mm por 0,6 mm. O macho mede 8 a 11 mm por 0,5 mm. A extremidade anterior é ligeiramente afunilada com um esófago estrongiloide (uma única protuberância). O Ancylostoma duodenale tem uma cápsula bucal com dois pares de ganchos.

Existem também dois canais excretores e dois pares de glândulas que segregam um líquido hemolítico e anticoagulante. A extremidade posterior do verme macho do Ancylostoma duodenale é alargada. Forma uma grande bursa copulatória, suportada por 7 pares de nervuras que actuam como suporte durante o acasalamento. A extremidade posterior do verme fêmea termina numa pequena ponta. A fêmea não tem uma ponta na extremidade da cauda. O sistema reprodutor da fêmea é constituído por ovários, útero e vagina; no macho, há um testículo, uma vesícula seminal, um ducto ejaculatório e 2 espículas copulatórias.

Figura 42: Ankylostoma adultos

b.Ovos

Os ovos medem 60µm de comprimento por 40µm de largura e são claros, com uma casca fina, lisa e transparente. O ovo está segmentado em pequenas células chamadas blastómeros. Existe um espaço claro e refrativo entre o interior da casca e os blastómeros.
O ovo de Ancylostoma duodenale contém 4 blastómeros. Quando as condições são favoráveis (temperatura de 25-30°C, humidade elevada), o ovo no ambiente externo dá origem à larva rabditoide.

c.Larvas

A larva rabditoide tem 250-300µm de comprimento e o seu esófago tem 2 protuberâncias. Apenas as larvas estrongilóides das duas espécies podem ser distinguidas com base nas suas caraterísticas morfológicas. Possuem uma bainha, têm 600µm de comprimento e um esófago igual a ¼ do comprimento do corpo. Os seus movimentos são lentos. Estas caraterísticas distinguem-nas das larvas de S. stercoralis.

3. Habitat e nutrição

Os vermes Ancylostoma duodenale vivem no duodeno. As suas cápsulas bucais fixam-nos às vilosidades do duodeno e do jejuno. Os ancilóstomos alimentam-se principalmente de resíduos epiteliais e não assimilam bem o sangue. Os ancilóstomos Ancylostoma duodenale podem viver em média 4 a 5 anos.

C. Métodos de contaminação

Esta é a via cutânea através da larva estrongiloide encistada.

E. Ciclo de vida

Os ancilostomídeos são ovíparos. Os ovos são eliminados nas fezes e não estão embrionados aquando da postura. No ambiente exterior, quando as condições são favoráveis (temperatura entre 25 e 30°C, boa humidade, oxigénio suficiente, solo sombrio), os ovos embrionam e, em 24 horas, dão origem a larvas rabditóides L1 (duas protuberâncias). No espaço de 24 horas, estas larvas móveis sofrem uma muda e transformam-se em larvas estrongilóides L2 e, 5 a 10 dias mais tarde, em larvas estrongilóides encistadas, a forma que infesta os seres humanos. Podem sobreviver 2 a 6 meses no solo e mais de 18 meses na água sem se alimentarem. No ser humano, a larva encistada de estrongiloide torna-se ativa e atravessa os tegumentos por via transcutânea. Em seguida, penetra nos tecidos celulares subcutâneos através da corrente sanguínea ou do sistema linfático. Esta penetração dá-se geralmente nos espaços interdigitais plantares.

É transportada para o coração direito, para os pulmões e depois para os bronquíolos. Nesta altura, transforma-se numa larva L4 entre o 5º e o 7º dia. Sobe pela traqueia até ao trato aerodigestivo. Durante a deglutição, cai no esófago, chega ao estômago e ao duodeno. Após uma muda final, a larva cresce, torna-se adulta e diferencia-se em macho ou fêmea. A fecundação ocorre e as fêmeas fecundadas começam a pôr ovos 40 dias após a infeção. No caso do Ancylostoma duodenale, é descrito o fenómeno da hipobiose: o seu desenvolvimento é interrompido e as larvas permanecem nesta fase num estado de vida mais lento durante cerca de 40 semanas. Continuarão a desenvolver-se numa fase posterior. Isto permite-lhes escapar
a um ambiente desfavorável.

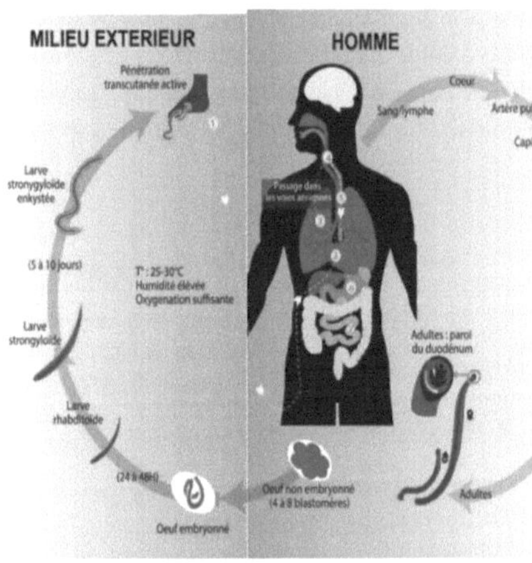

Figura 43: Ciclo de vida do Ancylostoma duodenale

Clínica

□ a fase de migração das larvas :

- manifestações cutâneas concomitantes com a penetração de larvas (prurido, eritema maculopapular),

- catarro das vísceras devido a uma irritação do trato aerodigestivo (tosse, disfagia, sialorreia).
 No estado ou fase digestiva, existem perturbações digestivas:
- Duodenite, náuseas, vómitos, anorexia, diarreia com fezes líquidas, por vezes mucosas, mas nunca sanguinolentas;
- Uma síndrome anémica: o grau depende da intensidade e da duração da infestação

(instalação progressiva).
- Crianças com atraso no aumento de peso e altura.

Diagnóstico biológico

FNS: anemia por deficiência de ferro, por vezes discreta, com hipereosinofilia sanguínea de 30-40% que marca a fase de migração larvar.

C. Diagnóstico parasitológico Exame parasitológico das fezes :

O exame parasitológico das fezes permite encontrar e identificar facilmente os ovos com uma pequena ampliação microscópica. Os ovos aparecem 40 dias após o início da infestação.

Profilaxia

- Construção e utilização de latrinas
- Deixar de utilizar fertilizantes artificiais, evacuar as águas residuais e drenar os terrenos água estagnada ;
- Evitar andar descalço.

BIBLIOGRAFIA

ANOFEL. Parasitoses e micoses das regiões temperadas e tropicais. Association Française des Enseignants de Parasitologie; 3ª edição. outubro de 2013

Brooke MM, Wilcox DE, Kaiser RL et al. Investigação de factores associados ao declínio dos protozoários intestinais numa instituição mental do Kansas. Am J Hyg 1962;76:52-6.

DELUOL Anne-Marie. Atlas de Parasitologia. Guia prático do diagnóstico microscópico. Tomo II. Flagelados, infusórios e coccídios. Editions Varia, 3, rue de l'Abbe- Grégoire 75006 Paris.

MARKELL EK, VOGE M, JOHN DT. Medical Parasitology. W. B. Saunders Company. 7ª Edição, 1992.

WERY M. Protozoologia médica. De Boeck & Larcier. S.A., 1995.

Claude Moulinier: parasitologie et mycologie médicales, éléments de morphologie et de biologie. Editions Médicales Internationales, França 2002.

Marc Gentilini: Médecine Tropicale, publicado por Lavoisier, 6ª edição, 2012.

Parasitoses e Micoses das Regiões Tropicais e Temperadas 2ª edição. ANOFEL. Edição Masson

Ripert C. Praziquantel e infeção por Fasciola hepatica. Tram. Roy. Soc. Trop. Med. Hyg. 1990. 84 :610-611

Sirol J, Kerfelec J, Papinutto JP. Paragonimosis pulmonar em África. A propos de 26 observations colligées au Cameroon occidental. I. Factos parasitológicos, anatomopatológicos, epidemiológicos e clínicos. Bull Soc Pathol Exot, 1967, 60: 533.

M.S. Mas-Coma, J.G. Esteban & D. Bargues. Epidemiology of human fascioliasis: a review and proposed new classification. Boletim da Organização Mundial da Saúde, 1999, 77 (4): 340-346.

Descrições morfológicas de Taenia asiatica. Jornal Coreano de Parasitologia (1993). **31** (1): 1-6. PMID 8512894. doi:10.3347/kjp.1993.31.1.1.

Vetagro sup campus veterinaire de lyon ano 2011 - Tese n° Estudo epidemiológico da difilobotriose, uma zoonose parasitária, na Haute-Savoie tese apresentada na Universidade Claude-Bernard - Lyon I (Medicina - Farmácia) e defendida publicamente a 2 de dezembro de 2011 para obtenção do grau de Doutor em Medicina Veterinária (Docteur Vétérinaire)

Barbara Wicht, Tetsuya Yanagida, Tomáš Scholz, Akira Ito, Juan A. Jiménez e Jan Brabec. PCR multiplex para identificação diferencial de ténias (Cestoda: Diphyllobothrium) que infectam seres humanosv Obiamiwe BA. O padrão de infeção parasitária no intestino humano no.

Belen Otero-Abad, Paul R. Torgerson. A Systematic Review of the Epidemiology of Echinococcosis in Domestic and Wild Animals (Revisão sistemática da epidemiologia da equinococose em animais domésticos e selvagens). PLOS Neglected Tropical Diseases PLoS Negl Trop Dis 7(6): e2249. doi:10.1371/journal.pntd.0002249

Larrieu E, Mujica G, Gauci CG, Vizcaychipi K, Seleiman M, Herrero E, et al. (2015) Ensaio de campo piloto da vacina EG95 contra a equinococose cística ovina em Rio Negro, Argentina: Segundo estudo de impacto. PLoS Negl Trop Dis 9(10): e0004134. doi:10.1371/ journal.pntd.0004134.

Gentilini M, Caumes E, Danis M, Lenoble D.R, Bégué P, Touze J.E, Kerouédan D : Médecine tropicale 6éme édition, Médecine Sciences Publications, 2012 Lavoisier, Paris. ISBN 978-2-257-20396-0.

ÍNDICE DE CONTEÚDOS

MIX
Papier aus verantwortungsvollen Quellen
Paper from responsible sources
FSC® C105338

Printed by Books on Demand GmbH, Norderstedt / Germany